Raquet (H.)

Manuel

1885

PAUL MARGUERITTE

# TOUS QUATRE

PARIS

NOUVELLE LIBRAIRIE PARISIENNE

E. GIRAUD ET Cie, LIBRAIRES-ÉDITEURS

18, RUE DROUOT, 18

1885

MANUEL DU CULTIVATEUR DE BETTERAVES A SUCRE

# LES NOUVELLES MÉTHODES

## DE CULTURE ET DE VENTE

# DE LA BETTERAVE RICHE

*Tout exemplaire de cet ouvrage non revêtu de ma griffe sera réputé contrefait.*

H. Raguet

3223. — ABBEVILLE. — TYP. ET STÉR. A. RETAUX. — 1885.

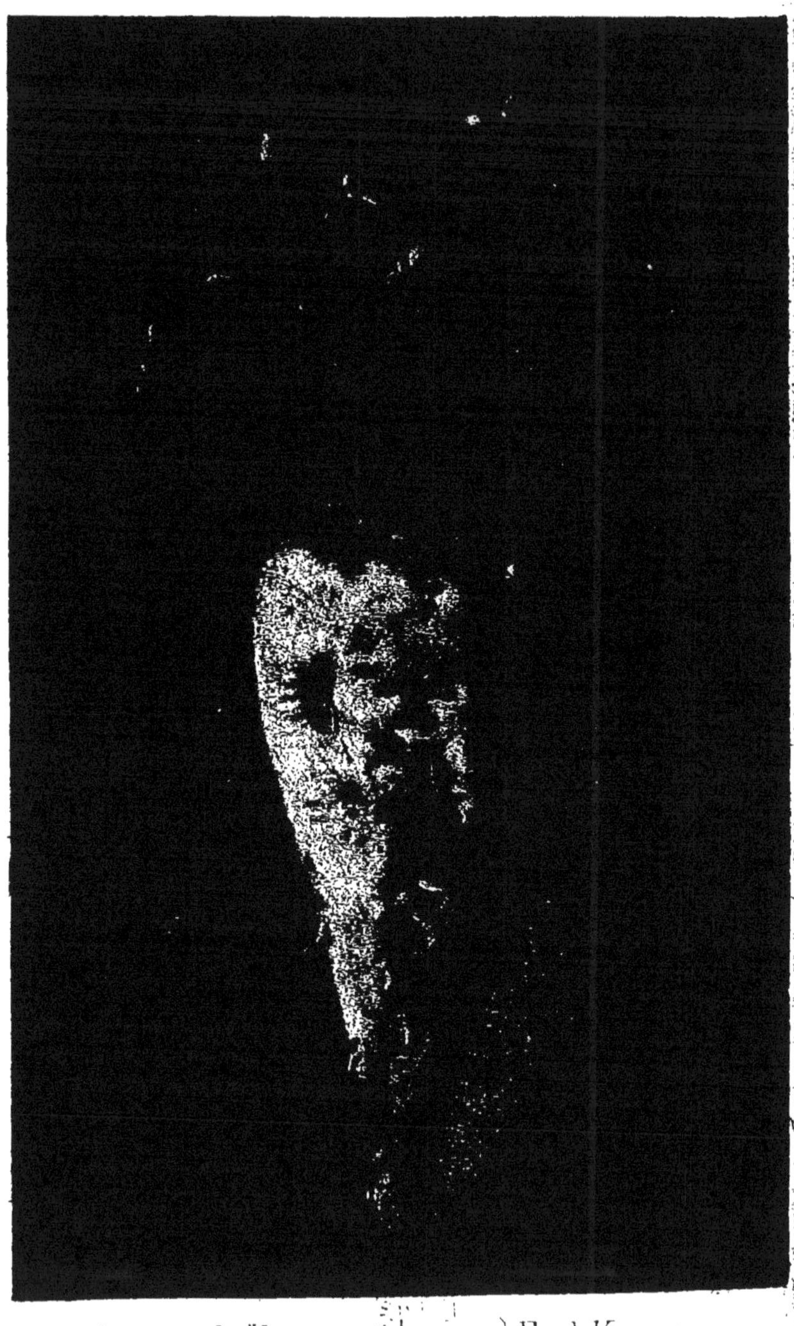

Alte Imperialrübe von } Ferd. Knauer
Betterave a. s. Impériale de } Gröbers.

MANUEL
DU CULTIVATEUR DE BETTERAVES A SUCRE

LES

# NOUVELLES MÉTHODES

## DE CULTURE & DE VENTE

DE

## LA BETTERAVE RICHE

PAR

H. RAQUET

Professeur départemental d'Agriculture de la Somme,
Ancien élève de Ferme-École,
Ancien professeur de sciences physiques et naturelles d'École normale,
Officier d'Académie, Chevalier du Mérite agricole.

ABBEVILLE
IMPRIMERIE A. RETAUX
84, CHAUSSÉE MARCADÉ, 84

PARIS
LIBRAIRIE COLIN ET Cie
1, RUE DE MÉZIÈRES, 1

AMIENS
CHEZ M. TOULMÉ-LEROY
5, RUE AU LIN, 5

CHEZ M. HECQUET-DECOBERT
RUE DELAMBRE

1885

# PRÉFACE

Il n'y a plus aujourd'hui de discussion possible : ce n'est qu'en travaillant de la betterave exceptionnellement riche que notre grande industrie du sucre redeviendra prospère.

C'est à cette condition qu'elle pourra profiter sérieusement des avantages d'une loi sage et libérale que le Parlement vient de voter.

Quant à la culture, dont les frais de main-d'œuvre surtout augmentent de jour en jour, il faut qu'elle obtienne des produits d'une valeur considérable.

Pour préciser, nous pouvons dire qu'il faut au fabricant une betterave ne titrant pas moins de 12 à 13 p. % de sucre, et au cultivateur une production par hectare d'une valeur de mille francs environ, soit : 40,000 kilog., à 25 francs.

Il faut aujourd'hui que l'entente se fasse entre la sucrerie et la culture, car leurs intérêts sont solidaires.

C'est en effet par l'emploi d'une mauvaise betterave que la première se ruine ; et ce n'est que par la production d'une betterave riche, vendue cher, que la seconde pourra se relever.

Car la sucrerie, devenant prospère, n'hésitera pas longtemps, — la concurrence et ses intérêts bien compris aidant, — à offrir à la culture des prix élevés, afin d'en obtenir sûrement une matière première de bonne qualité.

Mais, quels sont donc les moyens les plus pratiques à employer pour obtenir une betterave riche pour le fabricant, et rémunératrice pour la culture?

Telle est bien la question qui doit, avec les conditions de vente, préoccuper aujourd'hui sérieusement le producteur de betterave et le fabricant de sucre.

Pour répondre de notre mieux à ces questions, nous avons mis à contribution les savants travaux de M. Violette, doyen de la Faculté des Sciences de Lille; les renseignements et les observations de MM. Normand, Vion et Saguiez, fabricants de sucre; et enfin les utiles et excellents conseils d'un grand nombre de cultivateurs, et spécialement de MM. Fougeron, Masclef, Chevalier et Lefebvre.

Deux de nos élèves, MM. Émile Convert et Georges Raquet, nous ont aidé dans de certaines recherches importantes, et spécialement dans les analyses au saccharimètre, que nous avons dû faire d'un assez grand nombre de betteraves : nous les en remercions.

Dans ces conditions, notre rôle est bien modeste; mais il s'agit de venir en aide à notre industrie sucrière, et de faire quelque chose pour cette honnête et laborieuse population des campagnes; pour peu donc que nous approchions du but, notre œuvre sera certainement utile : là est notre espoir.

RAQUET.

# NOTIONS GÉNÉRALES

## LA BETTERAVE RICHE

ET

## INDICATION DES MOYENS DE L'OBTENIR



### § I. — La betterave riche et la betterave pauvre.

**1. Définitions.** — 1° *La betterave riche.* — Aujourd'hui, on nomme en général betterave riche, une betterave dont le jus ne dose pas moins de 12 à 13 p. $^0/_0$ de sucre. Ce jus a une densité de 1060 environ.

*Remarque.* — Dire qu'un jus a une densité de 1060, c'est dire qu'un litre d'eau pesant 1000 grammes, un litre de jus pèse 60 grammes de plus ou 1060.

La densité d'un jus augmentant surtout avec la quantité de sucre qu'il contient, en multipliant les deux derniers chiffres de la densité par 2,2 on obtient, pour les variétés riches, avec une approximation très suffisante dans la pratique, la quantité de sucre que contient un jus. Exemple d'un jus d'une densité de 1060. En multipliant 60 par 2,2 on a : $60 \times 2,2 = 13,2$. Ce jus a donc 13 p. $^0/_0$ de sucre environ, et la betterave en contiendra environ 1 de moins ou 12 p. $^0/_0$ de son poids.

2° — *La betterave pauvre.* — On nomme ainsi une betterave dont le jus dose moins de 12 p. $^0/_0$ de sucre. Avant la nouvelle loi sur les sucres, pour qu'une betterave fût considérée comme pauvre, il fallait que son jus titrât moins de 10 p. $^0/_0$ de sucre ; actuellement ce chiffre est trop faible, et une betterave dont le jus ne dose que 10 p. °/₀ de sucre doit être considérée comme mauvaise.

---

## § II. — Importance et avantages que présente la culture de la betterave riche ou le but à atteindre.

Il y a trois raisons pour lesquelles il importe aujourd'hui de faire de la betterave riche.

1. — **Diminution des frais de fabrication** — Avec de la betterave riche, on diminue indirectement les frais de fabrication, et par suite les prix de revient du sucre.

On sait, en effet, par l'expérience, que, pour travailler 1000 kilogrammes de betterave, le fabricant dépense 14 francs environ ; que cette betterave soit riche ou pauvre, la dépense varie relativement peu, de trois à quatre francs au plus.

Or, si la betterave a 5° de densité et dose environ 9 p. °/₀ de sucre, elle ne donnera au fabricant que 5 p. °/₀ de sucre ; soit dans ce cas, 50 kilog. de sucre par tonne de betterave, et chaque demi-quintal de sucre est ainsi grevé de 14 francs de frais de fabrication, et le quintal de 100 kilog. doit supporter une dépense double, soit 28 francs.

Et la betterave étant vendue 20 francs de la tonne, le quintal de sucre coûte au fabricant :

| | |
|---|---|
| 1° Frais de fabrication.......................... | 28 fr. |
| 2° 2000 kilog. de betterave à 20 fr.......... | 40 |
| Total.............. | 68 fr. |

Si, au contraire, la betterave dose 14 °/₀ ou 4 à 5 °/₀ seulement de sucre en plus, le rendement industriel alors sera double, c'est-à-dire sera de 10 p. °/₀ au lieu de 5 °/₀ seulement ; car, dans ce cas encore, il n'y a que 3,5 à 4 °/₀ environ de sucre qui soit perdu ou transformé en mélasse.

Dans ces conditions, les 100 kilog. de sucre coûteront :

| | |
|---|---|
| 1° Frais de fabrication par tonne de betterave. | 18 fr. |
| 2° 1000 kilog. de betterave à 30 fr.......... | 30 |
| Total.............. | 48 fr. |

Ainsi, en laissant de côté certains frais et certains produits secondaires, comme la pulpe et la mélasse, on trouve qu'avec de la betterave pauvre le sucre coûte 68 fr., et, avec de la betterave riche, seulement 48, ou 20 fr. de moins des 100 kilog., soit 20 cent. de moins du kilog.

**2. — Les bonis provenant des excédents de rendement.** — Il n'y a qu'avec la betterave riche qu'on puisse largement bénéficier des avantages de la loi nouvelle du 29 juillet 1884.

En effet, cette loi, que nous ferons ultérieurement connaître plus complétement, dispose que l'impôt est payé proportionnellement à la quantité de betterave travaillée par l'usine ; que cette betterave soit riche ou qu'elle soit pauvre, l'impôt est le même : il doit être de 25 francs par 1000 kilogrammes de betterave rendant 5 p. $^0/_0$.

L'impôt, nous le verrons plus loin, ne varie qu'un peu avec l'outillage ou le mode d'extraction employé.

S'il s'agit d'une ancienne usine marchant encore par les presses hydrauliques, la loi suppose que cette usine ne retire que 5 $^0/^0$ de sucre raffiné, soit 50 kilogrammes par tonnes de betteraves travaillées.

C'est en effet ce qu'on peut retirer d'une betterave ordinaire dosant 10 $^0/_0$ : cinq ou la moitié en sucre raffiné et 5,50 en sucre brut, et 3 à 4 de mélasse.

Mais, si la betterave dose 15, c'est 10 de sucre raffiné qu'on pourra retirer, alors qu'on ne paiera l'impôt que sur 5 ou la moitié ; et, dans ce cas, le fabricant aurait donc la moitié de sa production qui échapperait au droit, c'est-à-dire que lorsqu'il retirera 100 kilog. de sucre par 1000 kilog. de betterave, il ne paiera, s'il marche par presses, que 25 fr. de droit à la régie au lieu de 50. Dans ce cas, son prix de revient de 44 fr. devra encore être diminué de 25 : il ne serait plus en réalité que de 19 francs.

Combien grande est la différence ! De 68 fr. nous voici descendu à 19 !

Que ce chiffre de 19 fr., qui constitue la règle en Allemagne, où la betterave est plus riche, soit exceptionnel, en France, nous le reconnaissons ; mais en le portant à 30 et même à 34 fr., nous sommes dans les données d'une pratique qui peut devenir courante en France dès l'année prochaine.

En résumé, avec de la betterave d'une richesse de 9 à 10 p. %, le sucre coûtera 68 fr., et avec de la betterave d'une richesse de 15, il ne coûtera que 34 fr. ou la moitié. Et encore la betterave riche est-elle moins épuisante pour le sol : c'est ce que nous allons expliquer.

3. — **La betterave riche est moins épuisante.** — La betterave riche épuise moins le sol tout à la fois, en azote et en sels divers.

On sait que les engrais, en effet, doivent au moins les neuf dixièmes de leur force, et par conséqnent de leur valeur, à la quantité d'azote et de sels divers, de potasse surtout, qu'ils renferment.

On sait aussi que l'azote comme engrais a une valeur de 2 fr. 25 environ du kilog. ; et la potasse qui entre pour près de moitié dans la composition des sels divers, a une valeur de 60 c. du kilogramme.

Or, une betterave riche à 15 p. % de sucre, n'enlève guère au sol que 4 % de sels divers par 100 kilog. de sucre, au lieu de 7 kilog., ou de près du double qu'enlève une betterave qui ne titre que dix.

Quant à l'azote, la différence en est plus considérable encore ; car l'azote a plus de valeur, et d'ailleurs la quantité d'azote que dosent les racines de betteraves est aussi en raison inverse de la quantité de sucre; c'est-à-dire que, dans une racine de betterave, l'azote diminue quand le sucre augmente.

RICHESSE EN AZOTE ET EN SUCRE DE LA BETTERAVE.

| I. — DENSITÉ à 15 degrés du jus de la betterave. | RICHESSE EN SUCRE pour 100 du poids de la BETTERAVE. | RICHESSE en azote pour 1000 kil. de betterave. |
|---|---|---|
| 1° 3 à 4 degrés. | 5 à 7 %. | 2 kil. %. |
| 2° 5 — | 9 à 10 %. | 1,5. |
| 3° 7 à 7,5 — | 14 à 15 %. | 1,0. Souvent moins. |

*Remarque.* — Lorsque dans la betterave le sucre augmente de cinq pour cent, l'azote diminue de 500 grammes pour 1000.

Ainsi, en jetant un coup d'œil sur le tableau précédent, il est facile d'établir que 50,000 kilogrammes d'une betterave à 10 p. $^0/_0$ de sucre et à 1 5 p. 1000 d'azote enlèveraient 75 kilog. d'azote : à 2 fr., c'est une dépense de 150 fr. Une betterave riche, au contraire, à 1 p. 1000 d'azote, n'en prendrait que 100 kilog., ou 50 kilog. de moins : à 2 fr., c'est une différence de 100 fr. quant à l'azote ; et, l'azote ne coûtant pas moins de 2 fr. 25, ce sera une économie de 125 fr., en nombre rond de 120 fr.

Le même calcul fait sur sels divers, donnerait encore une différence de 50 kilog., d'une valeur de 30 fr. environ en faveur de la betterave riche.

Soit, en faveur de la betterave riche :

| | |
|---|---|
| 1° Pour l'azote................. ...... | 120 fr. |
| 2° Pour les sels divers............ | 30 |
| | 150 fr. |

Le bénéfice réalisé par la culture de la betterave riche est donc de cent cinquante francs par hectare : ne serait-il, avec de la betterave à 12,5 p. $^0/_0$ de sucre, que de moitié seulement, que c'est déjà une valeur considerable.

La raison d'un pareil résultat est que, dans les betteraves riches, les matières fertilisantes se concentrent surtout dans les feuilles ; or, à la récolte, les feuilles en enrichissent le sol.

Dans les betteraves pauvres en sucre, au contraire, les racines sont riches en sels et riches en matières azotées, et les matières fertilisantes sont emportées de la ferme avec les racines, et à tout jamais perdues pour le sol.

Ainsi, la culture de la betterave riche, c'est la fertilité du sol ménagée ; c'est l'avenir sauvegardé, et c'est, de plus, le sucre à 34 fr. au lieu de 68.

Il n'y a que l'aveugle routine qui puisse encore s'obstiner à faire de la betterave pauvre. Ce qu'il faut aujourd'hui, c'est de viser sans rétard à la production d'une betterave exceptionnellement riche : là est le but à atteindre, car c'est ainsi qu'il sera possible au fabricant et au cultivateur de gagner de l'argent.

Mais, sans plus tarder, demandons-nous par quels moyens, simples et pratiques, il nous sera possible de faire de la betterave riche.

## § III. — Indications des moyens à employer pour faire de la betterave riche.

1. **La Graine.** — Il ne faut employer que des graines provenant de variétés *riches* en sucre, car telle mère, telle fille.

L'expérience a depuis longtemps, en effet, démontré que l'hérédité existe pour les plantes comme pour les animaux.

2. **Un sol homogène.** — Il faut que l'ensemble des procédés de culture assure à la plante un *sol homogène* et *profond*, une alimentation *convenable* non moins riche en matières phosphatées qu'en matières azotées.

Dans ce but, il faut éviter l'emploi tardif de fumier pailleux, riche en azote et pauvre en acide phosphorique.

3. **Les façons, le démariage et les espacements.** — Il faut enfin, pendant le cours de la végétation, donner à la terre des *façons convenables*, rationnelles. Il faut surtout, et toujours dans le double but d'avoir un grand rendement en poids brut de betterave et une betterave riche, s'efforcer, lors du démariage, de laisser au moins dix betteraves au mètre carré.

C'est ainsi traitée que la plante aura une végétation régulière et, comme double conséquence, un grand rendement et une grande richesse en sucre.

Tels sont les trois sujets importants que, de notre mieux et tout d'abord, nous allons traiter successivement.

Viendront ensuite les questions d'achat et d'emploi de certains résidus agricoles de sucreries, comme la pulpe et les écumes de défécation.

C'est dans la troisième partie et sous le titre de calendrier et de supplément que nous donnerons, avec les travaux à faire, mois par mois, dans une culture de betterave, un assez grand nombre de renseignements sur les cultures, qui doivent être considérées, pensons-nous, dans leurs rapports avec la culture de la betterave.

Sans avoir la prétention d'être complet, nous espérons que ce programme ne laissera sans réponse aucune question importante.

# PREMIÈRE PARTIE

# LA CULTURE DE LA BETTERAVE A SUCRE

## Notions préliminaires.

### HISTOIRE NATURELLE DE LA BETTERAVE A SUCRE.

1. — **Origine de la betterave cultivée.** — La betterave, cultivée pour le sucre ou pour l'alimentation des animaux, descend d'une espèce de betterave qu'on trouve à l'état sauvage sur les bords de la mer.

Cette plante se rencontre, dans le département de la Somme, aux environs de Saint-Quentin-en-Tourmont, près de Rue.

A l'état sauvage, elle ne présente qu'une petite racine; mais, si on la sème dans un sol riche, elle donne peu à peu différentes variétés de betterave, à racine plus grosse et de couleur variable.

Or, l'expérience a appris que les plantes nées dans les montagnes ou en plein continent, comme la pomme de terre, exigent de la potasse, alors qu'au contraire, les plantes, comme le chou, l'asperge et la betterave, qui sont originaires des bords de la mer, remplacent une grande partie de la potasse par de la soude.

Ainsi s'explique comment le nitrate de soude, employé à dose modérée, donne de bons résultats dans la culture de la betterave.

C'est qu'en réalité la plante cultivée est restée fidèle aux habitudes de la plante spontanée ou sauvage, qui est son aïeule.

En résumé, la betterave, née sur les bords de la mer, où elle trouve abondamment de la soude, s'accommode très volontiers de ce sel dans une culture industrielle; la pomme de terre, au contraire, née dans les montagnes des Cordillières, n'accepte pas la soude en échange de la potasse. Nous devrons ne pas perdre de vue ce principe dans l'application des engrais.

2. — **Végétation.** — La betterave est une plante bisannuelle, c'est-à-dire qu'elle demande deux ans pour se développer et porter graine. Semée cette année, en effet, la betterave bien cultivée ne donne de graine que l'année suivante.

Originaire des bords de la mer, où le climat est tempéré, la betterave redoute les températures extrêmes, les grands froids et les grandes chaleurs.

Elle commence à germer et à pousser par une température, de sept degrés environ, c'est-à-dire en moyenne, dans le Nord de la France, vers la mi-mars.

Mais ce n'est que par une température moyenne de neuf à dix degrés, c'est-à-dire vers la mi-avril, que la betterave germe en une quinzaine de jours, et pousse vigoureusement.

Semée avant le dix avril, la plante souvent sera souffreteuse et montera à graine prématurément, comme la chicorée des jardins qu'on sème avant la mi-juin.

C'est ainsi encore que les poiriers et les pommiers qui poussent peu, se mettent plus vite et plus facilement à fruit.

3. — **Floraison et fructification.** — La betterave, comme toutes les plantes cultivées, fleurit et fructifie.

La fleur, qui est verte, n'a pas de corolle: elle est composée d'un calice à cinq divisions écartées par le haut, et inférieurement adhérent à la base de l'ovaire ou futur fruit.

Les étamines, ou organes mâles, sont au nombre de cinq, et les pistils ou organes femelles, au nombre de deux.

Ces fleurs, portées sur des sortes d'épis longs et grêles, sont ordinairement réunies au nombre de deux ou trois ensemble : à la maturité, ces glomérules ou agrégats de fleurs deviennent des agrégats de fruits.

De sorte que ce que nous appelons ordinairement graine de betteraves, est en réalité une réunion de deux ou trois fruits.

Et comme chaque fruit porte une graine, ces réunions de fruits peuvent, en germant, donner naissance à deux ou trois betteraves.

En résumé, la betterave est une plante bisannuelle qui germe et qui pousse par une température de neuf degrés, et ce qu'on appelle graine de betterave, n'est autre chose qu'un agrégat de deux ou trois fruits.

# LIVRE PREMIER

## ÉTUDE PRATIQUE DES BONNES BETTERAVES A SUCRE

### OU CARACTÈRES, VARIÉTÉS & PRODUCTION DE LA GRAINE

---

## Notions préliminaires.

I. — **Définition.** — On appelle signes ou caractères, certaines marques au moyen desquelles on distingue une chose d'une autre, une bonne d'une mauvaise ou d'une médiocre.

Lorsqu'il s'agit des plantes, ces caractères sont en général tirés: 1° des différences qui existent dans la couleur, dans la grosseur ou dans la forme des organes: de là le nom de *caractères organographiques*.

2° Ces caractères sont tirés des différences qui existent dans la composition intime des plantes, de leur richesse en sucre, en gluten ou en amidon par exemple; on appelle ces *caractères, caractères chimiques.*

2. — **Importance.** — Connaître, c'est distinguer. Rien donc de plus important que l'étude des caractères, puisque cette étude apprend à distinguer les bonnes betteraves des mauvaises, à en apprécier l'aptitude et la valeur.

3. — **Historique et division.** — C'est surtout à un Français, à M. Louis Vilmorin, de Paris, que nous devons la connaissance de l'importance relative des différents caractères au moyen desquels on reconnaît les bonnes betteraves à sucre.

Il est né en 1816 et mort en 1860. Nous devons garder le souvenir de sa mémoire; car c'est lui qui, le premier, a bien précisé les caractères de la bonne betterave et en a obtenu d'une richesse exceptionnelle.

Il a fait plus: il a divulgué tous les procédés qu'il a trouvés ou perfectionnés et dont nous avons tiré notre profit.

# CHAPITRE PREMIER

## CARACTÈRES DE LA BONNE BETTERAVE A SUCRE.

1. — **Les caractères tirés de la forme.** — Une bonne betterave à sucre présente la forme de notre figure 2.

Elle est longue de trente à trente-cinq centimètres, et son plus grand diamètre dépasse rarement le tiers de sa longueur, soit de huit à dix centimètres.

Elle est irrégulièrement conique. Le collet en est large et peu saillant. Elle plonge complétement dans le sol.

Son poids dépasse rarement un kilogramme.

Une betterave qui sort partiellement du sol, dont un bout n'est pas en terre, est appelée bouteuse. Une pareille betterave est toujours médiocre, sinon complètement mauvaise. Une bonne betterave présente de plus, sur deux de ses faces opposées, deux sillons profonds et le plus souvent un peu contournés en spirale.

Au fond de ce sillon, apparaît un épais chevelu constitué par de nombreuses petites racines.

Ces sillons ont une importance telle qu'on les nomme sillons saccharifères ou qui portent le sucre.

2. — **Caractères tirés de la peau.** — Une peau rugueuse et fortement ridée dans le sens horizontal est l'un des caractères les plus sûrs de la bonne betterave à sucre.

Ces rides, surtout sur les parties qui avoisinent les sillons saccharifères, forment des saillies d'un bon millimètre; elles sont au nombre de quatre à cinq par centimètre courant, et parfois si rapprochées que ces rides se touchent. On sait aujourd'hui qu'elles sont constituées par des cellules gorgées de sucre : aussi est-ce le meilleur caractère de la betterave riche.

3. — **Caractères tirés de l'abondance des feuilles.** — Le large collet que présente la betterave riche doit donner naissance à l'insertion d'un grand nombre de feuilles. Une betterave à sucre en pleine végétation doit en porter de quinze à vingt au moins. Ces feuilles sont grandes et pourvues de forts pétioles. Elles se présentent en général droites ou serrées, ou mieux en éventail.

Quelques variétés riches, d'origine allemande, portent leurs feuilles horizontalement ou couchées; elles sont très riches, mais donnent souvent un peu moins de poids.

4. — **Caractères tirés de la dureté, de la fragilité et de l'aspect des chairs.** — La bonne betterave est dure et casse sec.

Elle crie sous la lame du couteau qui l'entame difficilement. Elle est fort peu compressible.

Coupée horizontalement, une betterave médiocre présente des zones pointillées et mal dessinées par des cellules non contiguës et peu développées.

Au contraire, la section horizontale d'une betterave riche, présente de nombreuses zones larges d'un bon millimètre et distantes de quatre à cinq vers le milieu de la betterave.

Ces zones, formées de tissus vasculaires, sont entourées de cellules allongées saccharifères contiguës. Ces zones ou anneaux se distinguent facilement à leur couleur terne et d'un blanc jaunâtre.

Remarque. — Cette chair fortement zônée, n'a rien qui rappelle la teinte blanche unicolore du navet.

5.— **Caractères tirés de la densité.** — Une bonne betterave ne pèse pas moins de 1,040 grammes par litre, c'est-à-dire par décimètre cube.

Pour s'en assurer, et c'est ce que nous exposerons ultérieurement avec plus de soin, il faut faire un bain d'eau salée à un peu plus de cinq pour cent de sel de cuisine.

A cet effet, on prend de 94 à 95 parties d'eau et de 5 à 6 parties de sel, soit 940 grammes de la première et 60 grammes du second. On en déterminera exactement la densité, au moyen d'un aréomètre ou pèse-sels.

La betterave qui s'enfonce, dans un bain ainsi fait, d'une densité de 1,040, est une bonne betterave; quelques-unes s'enfoncent dans un bain de 1,050 et même de 1,060.

Ajoutons, pour mieux distinguer la bonne betterave de la mauvaise, que cette dernière est très grosse et le plus souvent bouteuse, qu'elle est à chair tendre et à peau lisse, qu'elle est pourvue d'un collet étroit et conique, que les feuilles en sont petites.

# CHAPITRE II

## LES VARIÉTÉS DE BETTERAVES A SUCRE.

**1. — Variétés riches ou numéro 1.** — 1° *Caractères.* — Ces variétés sont à peau très ridée, rude et terne ou non luisante, à collet large et peu saillant ; à feuilles grandes et nombreuses ; en éventail ou horizontales ; à chair très dure ou fort peu élastique ni compressible.

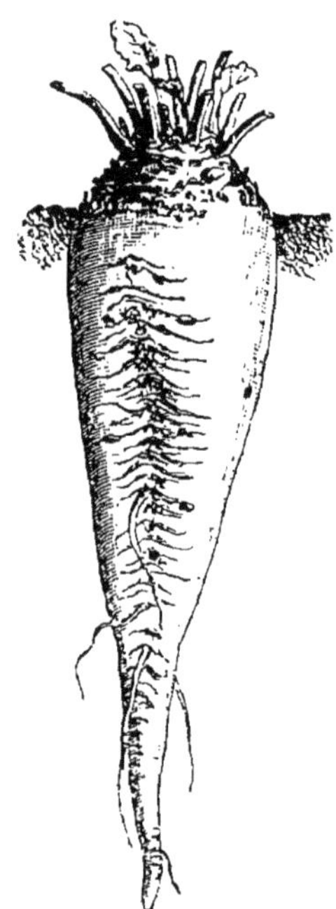

Fig. 2.— Betterave améliorée Vilmorin.

Deux faces opposées présentent chacune un sillon sacchariféfère que rend très apparent un épais chevelu formé de nombreuses radicelles.

La couleur de la peau, parfois rose pâle, est plus ordinairement blanche.

Bien cultivées, aucune partie de la racine de ces variétés ne sort de terre ; c'est-à-dire que ces betteraves ne sont pas bouteuses ; mais, pour qu'elles ne soient pas racineuses, qu'elles conservent une forme régulière, il leur faut un sol homogène, et, à cet effet, défoncé, tassé et fumé régulièrement.

2° *Rendement.* — En sol riche et bien cultivé, le rendement en poids dépasse rarement cinquante mille kilogrammes. En moyenne, c'est-à-dire couramment, les Allemands en obtiennent trente-cinq mille kilogrammes, d'une valeur, à 30 fr., de 1,050 fr. l'hectare ; mais la richesse en sucre du jus en est toujours très élevée. Elle descend rarement au-dessous de 13, soit 6 à 7 de densité.

Toutes les variétés ne doivent être cultivées que dans un sol riche, homogène et profond.

3° *Principales variétés.* — Les plus connues de cette première section sont :

Premièrement. — *L'améliorée Vilmorin.* — Déjà connue depuis plus de trente ans, cette variété est toujours la plus riche, sinon la meilleure. (Fig. 2).

Elle est blanche, de longueur moyenne, à collet large et à feuilles nombreuses.

Mais, comme toutes les variétés très riches, la betterave améliorée Vilmorin devient très facilement racineuse dans un sol creux, mal défoncé et rendu peu homogène par des labours récents et l'emploi tardif d'un fumier pailleux, mal fait.

La *betterave blanche* à collet vert, de Vilmorin, est une autre variété qui donne un tiers en plus de poids, mais avec une richesse en moins de trois à quatre p. % de sucre.

On peut classer cette variété dans un groupe intermédiaire sous le titre de n° 1 1/2.

Deuxièmement.—La *Betterave Desprez* (n° 1). — Cette betterave est à peau rose ou blanche, avec un très long pivot et un collet peu saillant.

Les feuilles en sont abondantes, la peau plissée et les chairs très dures.

Troisièmement. — La *Betterave Simon-Legrand* (n° 1).— Elle est à peau rose ou blanche, à racine fusiforme et longue en terre. (Fig. 3).

Quatrièmement. — La *Betterave Brabant*, blanche et très longue. — Ne la cultiver qu'en sol profond ; mais cette betterave, toujours un peu bouteuse en général et d'assez grand rendement, ne saurait être bien classée que sous le titre de n° 1 1/2.

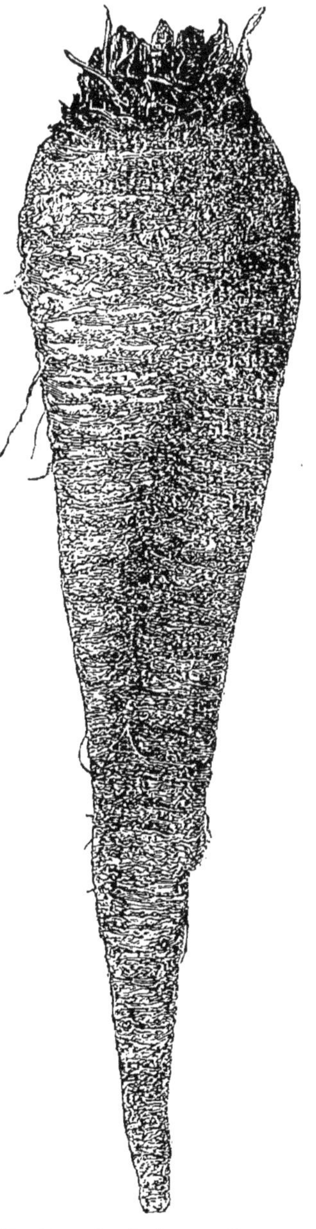

Fig. 3. — La betterave Simon-Legrand n° 1.

Elle donnera de bons résultats dans des sols très peu sec, et de fertilité moyenne.

Cinquièmement. — Les *Variétés étrangères*. — Ces variétés, qui sont en général d'origine allemande, sont assez nombreuses.

Elles sont encore trop peu connues chez nous. Nous citerons pourtant la *Blanche de Magdebourg*, la *Blanche impériale, de Knauer* (prononcez *Kanaeur*), très riche, assez courte, et régulière de forme. C'est une excellente variété; elle donne en France des produits de haute valeur; et la *Blanche électorale de Knauer*, un peu moins riche, mais plus productive.

Citons encore une bonne variété allemande, la petite ou Klein Wanzleben de Dippe frères, à Quedlimbourg. Comme toutes les betteraves riches, ces variétés, sont à chair dure, à large collet, à feuilles abondantes et à peau rugueuse. Mais, à richesse égale, l'expérience démontre que les variétés allemandes ont moins de tendance à devenir racineuses que la plupart de nos bonnes variétés.

2. — **Variétés intermédiaires ou n° 2.** — Ces variétés, autrefois beaucoup cultivées, comme betteraves de conciliation, doivent être de plus en plus abandonnées, car elles ne sont pas assez riches.

Les plus connues étaient : la *Blanche à collet rose*, la *Blanche à collet vert*, la *Blanche à collet gris*, les Betteraves n° 2 Desprez, et les n° 2, de Simon-Legrand. Sélectées avec soin en vue du sucre, ces variétés doivent être classées dans le groupe intermédiaire sous le titre de n° 1 1/2.

Les feuilles de toutes ces variétés, sont moins nombreuses que les feuilles des variétés n° 1. Les chairs en sont moins dures aussi.

Toutes les variétés n° 2, surtout les blanches à collet rose ou vert, sont demi-bouteuses. Le rendement en poids en est facilement d'un cinquième en plus que les betteraves précédentes, et le rendement en sucre, d'un cinquième en moins. Elles donnaient donc autrefois assez de poids et assez de sucre pour concilier, pensait-on, les intérêts du fabricant et ceux du cultivateur : de là le titre qu'on leur avait donné de betteraves de conciliation.

REMARQUE I. — On a donné le nom de betteraves acclimatées à des betteraves allemandes, cultivées en France pendant une ou plusieurs générations, et qui ont acquis un peu plus de volume, tout en conservant en partie leur plus grande richesse saccharine.

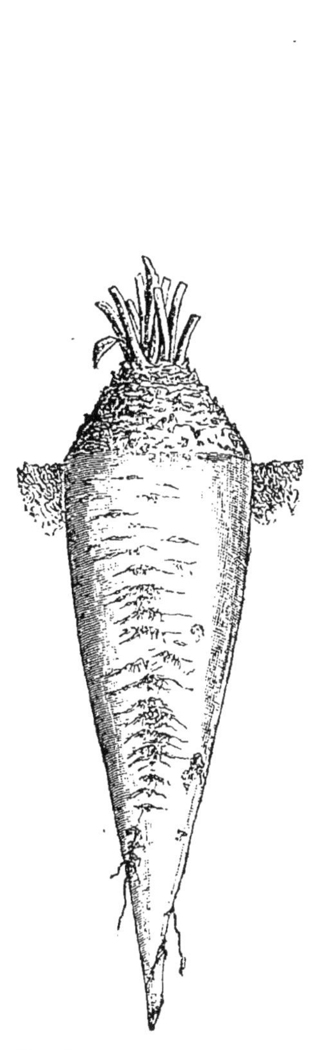

Fig. 4. — La betterave blanche à collet vert n° 2.

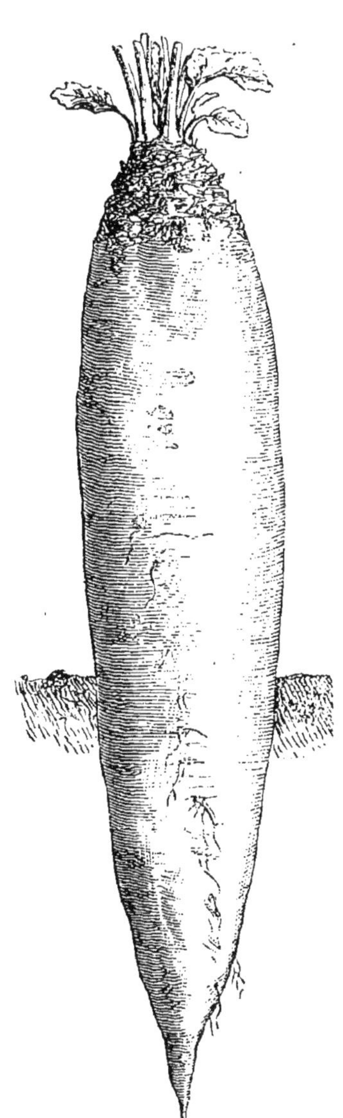

Fig. 5. — Betterave disette ou fourragère.

Remarque II. — On nomme betterave n° 2 1/2, une betterave intermédiaire entre le n° 2 et le n° 3, ou mieux un mélange formé par parties à peu près égales de n° 3 et de n° 2. Le rendement en poids brut est en général en raison inverse de la richesse en sucre : beaucoup de poids, peu de sucre, et beaucoup de sucre, peu de poids.

3. — **Variétés mixtes ou n° 3.** — Ces variétés tiennent à la fois des betteraves fourragères et des betteraves précédentes.

La plus connue est la *Betterave rose à collet rose*, à peau luisante ou très lisse ; on la désigne assez souvent sous le nom de betterave rose, à peau lisse, du Nord.

Elle donne assez facilement aussi un cinquième en plus de poids que le n° 2 ; mais, plus souvent encore, un cinquième en moins de sucre.

Il faut aujourd'hui, et sans hésiter, en abandonner la culture.

Le salut de notre grande industrie sucrière est à ce prix. Il faut s'en tenir, en général, à la culture des betteraves n° 1, tout au moins des n° 1 1/2, et encore...

Ces variétés ne devront se cultiver que très exceptionnellement dans les sols secs et légers.

---

# CHAPITRE III

## MOYENS A EMPLOYER POUR OBTENIR DE LA GRAINE.

1. — **Premier moyen ; Acheter de la graine, directement aux marchands.** — Les bons résultats obtenus avec les graines des marchands honnêtes, ont fait surgir beaucoup de petits marchands ambulants dont quelques-uns, trop souvent, sont d'une délicatesse peu scrupuleuse.

En tenant des graines d'une provenance douteuse, les graines de ces nouveaux marchands sont d'une origine, et par conséquent d'une qualité et d'une germination peu certaines.

Il faut s'en défier : un cultivateur prudent ne doit jamais ainsi aventurer sa récolte en semant des graines d'une provenance douteuse, car la bonne graine est le premier facteur de la bonne récolte.

Remarque. — Beaucoup de graines de commerce, on le sait, sont en général issues en France de porte-graines trop petits, et ainsi mal caractérisés.

Les porte-graines des variétés riches, s'ils sont restés petits, ne sont pas très racineux, malgré leur grande aptitude à le devenir. La raison en est qu'ils ont été semés et cultivés très serrés, très drus, à 25 sur 10 au plus. Mais, cultivés dans d'autres conditions, les graines qui en naîtront produiront trop souvent des betteraves racineuses, de formes irrégulières, donnant lieu à des tares considérables.

2. — **Deuxième moyen. Prendre de la graine achetée par les fabriques de sucre.** — Une usine importante en achetant assez régulièrement, toutes les années, à une maison sérieuse, de grandes quantités de graines, obtiendra certainement des conditions avantageuses.

Il y a donc lieu d'espérer, dans ce cas, que les graines en seront bonnes. Aussi, ce moyen sera-t-il, longtemps encore, pratiqué au profit des petits cultivateurs.

Mais, le cultivateur instruit et prudent, qui ne veut rien laisser au hasard, qui veut être absolument sûr de ses graines, pourra beaucoup mieux faire encore : il fera sa graine chez lui, ou non loin de chez lui, sous son contrôle.

3. **Troisième moyen : faire sa graine soi-même.** — C'est assurément le seul moyen à employer pour avoir sûrement des graines de bonne qualité. A cet effet, il faut :

1° *Faire un choix rationnel des porte-graines.* — Un bon porte-graines, un porte-graines d'élite, est d'une forme irréprochable et d'une grande richesse.

Les feuilles en sont abondantes, les chairs dures, la peau plissée ou ridée horizontalement ; le poids en est moyen, car il pèse entre 5 et 800 grammes. Il a été obtenu d'une graine semée et cultivée dans des conditions normales, c'est-à-dire semée en avril, ou au commencement de mai, et aux distances de 35 à 40 sur 20.

C'est lors de l'arrachage, en octobre et novembre, qu'on fait un premier choix, d'après les caractères extérieurs que nous avons indiqués.

On ne doit prendre en général qu'un dixième des betteraves cultivées; les autres n'en ont souvent que fort peu les caractères voulus.

Il faut dépouiller les porte-graines de leurs feuilles, sans léser le collet : la conservation s'en fait en petits silos peu profonds et larges de 80 centimètres au plus.

2° *Il faut replanter les porte-graines en bonne terre franche et riche.* — Après avoir nettoyé les porte-graines, les avoir passés au bain salé, on en coupe du collet grand comme une pièce d'un franc, afin d'avoir un plus grand nombre de tiges bien nourries.

Un bon porte-graines doit avoir, à cause de la nouvelle loi sur les sucres, une densité minima de 1,050 en novembre et de 1,040 en mars. Autrefois, on pouvait se contenter d'une densité de 1,035 à 1,040.

Remarque. — A mesure que le printemps s'avance, le sucre se transforme : de là une diminution dans la densité. Les variétés roses, un peu moins riches en général, passent pour se conserver un peu mieux en hiver.

La plantation des porte-graines se fait à 80 centimètres entre les lignes et à 70 centimètres dans les lignes.

Le sol, quoique naturellement riche, sera fumé à raison de 30,000 kilg. de fumier de l'hectare, et recevra de plus, avant l'hiver, ou de bonne heure au printemps, 500 kilog, de phosphate de chaux.

3. — **A la maturité, fin août et septembre, il faut en couper les tiges, les faire sécher, les battre et en nettoyer la graine.** — Il faut couper les tiges des porte-graines à une hauteur de 25 à 30 centimètres, et sur cette partie droite et conservée du chaume, on pose la partie supérieure des tiges porte-graines : non mises ainsi en contact avec le sol, la dessiccation s'en fera mieux.

C'est en hiver qu'on battra, à la machine, ou à la main. Dans ce dernier cas, on abat les tiges sur des sortes de peignes formés au moyen de grands clous enfoncés dans une planche. Cette planche est épaisse de 4 à 5 centimètres et grande de 30 centimètres sur 40. On la fixe sur un établi ou sur une grosse pièce de bois.

Le nettoyage des graines se fait au moyen d'une vannette et d'un grand van.

Un hectare de porte-graines tant soit peu bien réussi peut donner, à raison de 250 gr. par pied, de 2.000 à 2,500 kilog. de graines dont le poids est de 25 kilog. par hectolitre. A 1 francs du kilog., c'est un produit de 2,000 francs ; mais la production d'une pareille graine est assez onéreuse.

Logées en un lieu sec, dans un grenier, ces graines conservent leur faculté germinative pendant quatre à cinq ans.

4. — **Améliorations urgentes.** — Pour avoir et pour conserver des betteraves qui ont au moins 12 à 15 p. °/₀ de leur poids en sucre, il faut sans plus tarder avoir recours aux moyens connus ; aux achats en gros et en commun, à la sélection et aux procédés de la culture rationnelle, c'est-à-dire faite en sol complètement homogène et largement enrichi d'engrais phosphatés.

Il faut encore, s'il se peut, perfectionner les meilleures races.

5. — **Moyens à employer pour perfectionner les meilleures races.** — Pour avoir des graines de choix, il faut cultiver *à part* les dix ou douze meilleures betteraves de sa culture.

Ces types seront d'une forme régulière, d'un poids minimum de 800 grammes et d'une densité de 1,055, soit, pour le jus, une densité de 1,055 + 25 ou 1,080 environ, et une richesse de 18 p. °/₀ de sucre, correspondant en général à une richesse de 16 p. °/₀ du poids de la betterave.

De plus et à l'exemple de M. Maselef, de Loison, les graines de choix seront en partie semées de *très bonne heure*, dès le mois de février, même en janvier, s'il se peut.

Dans ces conditions, 70 p. °/₀ au moins des betteraves laissées monteront en graine ; il faudra bien se garder de s'en servir pour la reproduction.

Les autres, au contraire, — soit seulement 30 pour °/₀, — qui auront résisté aux circonstances qui les poussaient à monter à graine, seront réservées et triées avec soin pour en faire des mères d'élite.

Les graines issues de ces mères donneront naissance à des betteraves qui monteront plus difficilement à graine.

Il y a là le commencement d'une sous-variété de betteraves, qui pourra devenir précieuse ; car les caractères s'en affermiront avec le temps et la sélection.

Ces faits, encore peu observés, témoignent une fois de plus de l'importance des questions d'hérédité dans la production des graines de semence.

Ainsi s'explique comment les graines de variétés de betteraves riches cultivées en Allemagne, où le sol est plus léger et est ainsi plus homogène, produisent des betteraves, qui sont, à richesse égale, naturellement moins racineuses que les nôtres :

C'est à ce point que plusieurs de nos bons producteurs de graines ont créé en Allemagne des cultures régénératrices de plus de cent hectares.

---

## RÉSUMÉ.

1. — **Caractères des betteraves riches.** — Il faut apprendre à reconnaître les betteraves à leurs caractères extérieurs et à leur densité.

Une bonne betterave est à peau plissée horizontalement et non luisante ; la chair en est dure, le feuillage abondant et large.

Par la forme, elle se rapproche plus du cône, c'est-à-dire du pain de sucre renversé que du fuseau.

2. — **Choix de betterave à cultiver.** — C'est aux betteraves riches ou n° 1 qu'il faut aujourd'hui donner la préférence. A ce titre, nous recommandons la betterave améliorée Vilmorin, la betterave Brabant, la betterave Desprez et les betteraves allemandes Knauer et de Magdebourg.

3. — **La graine.** — On achète ou on produit sa graine. Pour faire de la bonne graine, il est important de se livrer à une sélection sévère des porte-graines, qui doivent être *naturellement* riches et de forme régulière.

Un large emploi des phosphates et l'homogénéité du sol font le reste, c'est-à-dire des betteraves qui ne titrent pas moins de 12 à 14 p. $^0/_0$ de sucre de leur poids.

## LECTURE.

### LA PRODUCTION DES BONNES GRAINES.

Pour faire de bonnes graines il faut s'appuyer sur les lois de l'hérédité. Ces lois, on le sait, veulent que les qualités passent, dans des proportions variables, des parents aux enfants, et de ces derniers à leurs descendants.

Mais il ne faut jamais oublier qu'il n'y a que les qualités *inhérentes* aux races qui soient bien héréditaires.

Les autres, au contraire, c'est-à-dire les qualités exceptionnelles ou acquises plus ou moins accidentellement, ne se transmettent que fort peu.

Or, un grand nombre d'expériences prouvent qu'une betterave médiocre, — qui serait, par exemple, naturellement racineuse, et qui ne donnerait pas plus de 10 p. $_{0}/^{0}$ de sucre, — pourrait, sous l'influence d'une culture serrée, — faite à raison de 18 à 30 betteraves au mètre carré, — devenir pourtant relativement très riche et prendre exceptionnellement une forme régulière.

Mais ces qualités, qui ne sont point inhérentes à la race, ne sont que fort peu héréditaires.

Et puisque le Congrès partage cette manière de voir, je lui propose de voter la résolution suivante :

« Pour faire de bonnes graines de betteraves, il faut employer des mères cultivées dans des conditions normales, et non des racines amenées, par une culture exceptionnelle, à présenter des caractères de richesse et de forme qui ne sont pas inhérentes à la race elle-même ». — Congrès betteravier de 1882.

Henry VILMORIN,

*Producteur français de graines diverses.*

# LIVRE II

## LES ASSOLEMENTS ET LES DIVERS TRAVAUX DE CULTURE.

---

### Notions préliminaires.

1. — **Définition.** — La betterave est un *produit* dont la graine et la bonne cultures sont les deux *facteurs*.
Nous avons étudié la graine; il nous reste à faire ressortir l'importance de la bonne culture et à en exposer les règles.

2. — **Importance de la bonne culture.** — Telle est l'influence de la culture sur le développement de la betterave, que le rendement en poids brut et la richesse en sucre peuvent varier du simple au double.

Dans un sol fortement enrichi d'engrais azotés, par exemple, la betterave donne beaucoup de poids et peu de sucre : c'est le contraire qui arrive dans un sol largement enrichi d'engrais phosphatés: dans ce cas, sans engrais azoté, la betterave est riche en sucre, mais ne donne qu'un produit faible en poids.

Or, il importe d'obtenir une betterave d'une grande richesse, sans doute, mais dont le rendement moyen soit d'environ 35 à 40,000 kilog. à l'hectare: de là l'utilité d'apprendre à combiner sagement l'emploi des engrais azotés et des engrais phosphatés.

L'époque et la profondeur des labours aussi, exercent une grande influence sur la qualité et sur la quantité des produits obtenus.

En un mot, toutes les questions que soulève la culture de la betterave à sucre sont d'une importance pratique considérable: il importe que nous les étudiions avec soin.

3. — **Historique et division.** — C'est en 1826 que nous

avons commencé, en France, à donner à la culture de la betterave à sucre une certaine importance. Mais, initiés à cette culture par celle de la betterave fourragère, qui est très gourmande et qui devient très grosse, nous avons, pendant trop longtemps, cultivé l'une à peu près comme l'autre.

Peu de différence dans la rotation, dans les engrais et dans l'importante question des distances.

Mais, dans ces derniers temps, nous avons reconnu combien grande était notre erreur; et, aujourd'hui, il nous est possible de faire beaucoup mieux.

C'est ce qui va ressortir tout d'abord de l'exposé des règles qui doivent présider à la place que doit occuper la betterave dans les assolements.

---

# CHAPITRE PREMIER.

## LES ASSOLEMENTS ET LES ROTATIONS.

**1. — La betterave en assolement quadriennal. —** Il faut en général faire entrer la culture de la betterave dans un *assolement quadriennal*, ou de quatre ans, et mettre, dans ce cas, la betterave après blé.

Exemple :

1re Année : *Blé* sur fumier et phosphate ;

2me Année : *Betterave*, avec engrais pulvérulents, ou fumier bien fait et engrais chimiques ;

3me Année : *Avoine*, ou orge de printemps, avec semis de trèfle dans une partie ;

4me Année : Une moitié en *trèfle*, et l'autre en vesce, féverole et plantes diverses.

*Remarque I.* — La rotation, c'est l'ordre de succession des récoltes : le blé après betterave et la betterave après blé constituent deux rotations différentes.

C'est la première qui prévaut en France, et la seconde en Allemagne.

L'*assolement* consiste à diviser les terres à cultiver d'une ferme en un certain nombre de parties égales.

Ces parties se nomment *soles* et dans les soles les cultures se succèdent dans un ordre déterminé appelé *rotation*.

*Remarque II.* — Le trèfle, dans l'assolement quadriennal, n'occupant que le huitième environ de la ferme, ne revient que tous les huit ans. C'est dans ces conditions qu'il réussit le mieux.

*Remarque III.* — Le blé n'occupera que le quart au plus des terres cultivées.

Les exigences de la betterave, le prix peu élevé du blé et l'extension à donner aux plantes fourragères justifieront suffisamment la place relativement peu étendue que laisse aujourd'hui un assolement de quatre ans à la plus importante de nos céréales d'autrefois, au blé ou froment.

2. — **La betterave et l'assolement triennal.** — Avec l'assolement *triennal* ou de trois ans, il faut pratiquer le *déchaumage* avec soin, et faire un large emploi des engrais de commerce.

Exemple de cet assolement :

1re Année : *Betterave.*

2me Année : *Blé.*

3me Année : *Avoine.*

Un pareil assolement est fort épuisant. Il est de plus très salissant : de là le double conseil que nous donnons avec instance de détruire les mauvaises herbes par le déchaumage, et d'enrichir le sol par de bons engrais : du fumier, du tourteau, des phosphates et du nitrate ; et encore, avec cet assolement triennal, le succès sera-t-il souvent médiocre.

3. — **La betterave dans le système allemand.** — Ce système, on le sait, consiste à mettre le blé sur fumier et phosphate, et la betterave ensuite, avec des engrais chimiques : c'est aussi ce que nous conseillons par l'emploi de l'assolement quadriennal.

La betterave riche, en effet, exigeant un sol parfaitement homogène, redoute les fumures récentes.

Là surtout est l'avantage du système allemand : nous voudrions qu'il fût en France plus généralement pratiqué.

Tout au moins faut-il, dans l'assolement triennal, que nous employions le fumier avant l'hiver sur un chaume d'avoine ameubli superficiellement par un déchaumage soigné.

Et, de plus, pour nous rapprocher si peu que ce soit du système allemand, il faudra n'employer que des fumiers très faits, non pailleux.

*Remarque.* — Les Allemands préviennent la verse de leur blé, tou-
ırs richement fumé et qui précède la betterave, par le choix d'une
riété résistante, comme le Shiriff, à épi carré, et l'emploi du su-
rphosphate de chaux.

---

# CHAPITRE II

## LES ENGRAIS.

### Choix, quantité et emploi.

---

## Notions préliminaires.

I. — **Définitions.** — *On nomme matières fertilisantes* toutes
matières qu'on ajoute au sol, afin de le rendre plus productif,
Il y a deux sortes de matières fertilisantes : les engrais et les
endements.

Les *Engrais* sont ajoutés au sol afin surtout de servir d'ali-
nts aux plantes. *Exemple:* Le fumier, la poudrette et le nitrate
soude.

Les *Amendements,* au contraire, s'emploient plus particulière-
nt afin d'améliorer les propriétés physiques, comme de le
ıdre plus léger, s'il est trop compact, et plus compact, s'il est
ıp léger, trop perméable.

*Exemple:* La chaux et la marne, qu'on emploie, avec avantages
ns les sols argileux ; la première, à la dose de 30 à 50 hectolitres ;
la seconde, de 30 à 50 mètres cubes. Un sol chaulé on marné est
›ins humide et se travaille mieux, c'est-à-dire un peu par tous les
nps et à moins de frais.

Mais si grande que soit, dans certains cas, la différence qui
iste entre les amendements et les engrais, il est constant que
us les amendements agissent un peu comme engrais, et tous les
grais comme amendements. C'est ainsi que le fumier, qui a
rtout pour rôle de nourrir les plantes, rend en outre le sol plus
ger et plus perméable.

2. — **Importance des engrais.** — Les engrais, jouant un rôle considérable dans le développement des plantes, sont aujourd'hui plus utiles que jamais; car pas de récolte abondante sans engrais, et pas de bénéfice sans récolte abondante.

Il en est ainsi en général de beaucoup de plantes, mais en particulier d'une plante gourmande et exigeante comme la betterave.

En effet, la culture d'un hectare de betterave à sucre sans engrais, coûterait 500 francs, et donnerait en général, au plus, 20,000 kilog. de racines. Dans ce cas, le prix de revient des 1,000 kilog. serait de 25 francs.

La betterave avec engrais, au contraire, coûterait 800 francs, ou 300 francs de plus; mais le produit serait de 40,000 kilog., et le prix de revient ne serait plus que de 20 francs. Et encore, la betterave, avec un engrais convenable, serait-elle plus riche en sucre, et beaucoup plus belle surtout, la récolte qui succéderait à la betterave.

3. — **Historique et plan suivi.** — Il n'y a pas de question agricole qui ait fait plus de progrès dans ces derniers temps, que l'importante question des engrais à employer pour la betterave à sucre.

Après avoir à tort, il y a moins de vingt ans, proscrit les engrais chimiques, on est arrivé aujourd'hui à les recommander à l'exclusion de tous autres, et par conséquent à proscrire le fumier naguère si vanté.

La vérité, nous le démontrerons, c'est que d'un excès on est sur le point de tomber dans un autre; car on ne connaît bien que depuis peu les véritables besoins de la betterave à sucre.

On sait aujourd'hui qu'elle a des exigences spéciales; qu'elle veut, par exemple, des engrais très assimilables et riches en acide phosphorique.

Pour bien étudier cette question engrais, nous parlerons successivement des engrais en général, puis des engrais pour betterave à sucre.

## § I. — Des Engrais en général.

1. — **Force et valeur des engrais.** — Les engrais, comme les plantes, renferment souvent un assez grand nombre

corps; et pourtant, il n'y a qu'un petit nombre de ces corps i soient véritablement utiles.

Les plus importants sont :

1° L'*azote combiné*, c'est-à-dire uni à d'autres corps ;

Et 2° l'*acide phosphorique*, qui se forme en répandant une eur d'ail, lorsqu'une allumette chimique commence à prendre ι.

D'autres corps ont encore une certaine importance, comme la *asse*, la *chaux* et l'*humus* ou terreau.

Mais si les deux premières ont une importance exceptionnelle mme engrais, c'est que non-seulement ils entrent dans la comsition des plantes, mais c'est que plus souvent que pour tous autres corps, les plantes ne les trouvent en quantité suffisante sous une forme assimilable, ni dans l'air, ni dans le sol.

Telle est l'importance de l'azote et de l'acide phosphorique 'ils communiquent à beaucoup d'engrais les trois quarts de ır valeur.

C'est ainsi que le fumier, qui a 4 p. ‰ d'azote et 2 p. ‰ cide phosphorique, et qui vaut en général dix francs des mille ogrammes, ne vaudrait, sans azote, que six francs, et seulent, au plus, deux francs sans azote ni acide phosphorique.

Et telle est l'importance de l'azote comme engrais qu'il ne vaut, effet, guère moins de deux francs du kilg, et l'acide phosphoue de 25 centimes à un franc, suivant qu'il peut ou non venir facilement soluble dans l'eau.

Ces principes fertilisants, ont d'ailleurs une valeur qui varie ec leur nature et leur composition.

2. — **Valeur et utilité relative des engrais.** — Un grais a une valeur qui varie avec sa *nature* et sa *composition*.

Le corps, dont font partie l'azote et l'acide phosphorique, -il soluble dans l'eau, comme le nitrate de soude, qu'alors ngrais a une grande valeur ; car la plante pourra facilement n nourrir.

Mais si les engrais ne sont pas naturellement solubles, leur leur augmentera avec leur état de division, c'est-à-dire avec la ssibilité plus grande qu'ils ont de se transformer pour devenir lubles. *Exemple :* Les os plus ou moins pulvérisés.

L'*utilité* d'un engrais aussi est très variable avec les *besoins* de la plante et la *nature* du sol. C'est ainsi que l'acide phosphorique est particulièrement utile dans la culture de la betterave à sucre, surtout en sol parqué, défriché ou copieusement fumé.

En effet, l'acide phosphorique est, pour ainsi parler, le grand générateur ou le père des matières hydrocarbonées, c'est-à-dire des matières formées d'eau et de carbone, comme l'amidon dans le grain de blé, la fécule dans la pomme de terre et le sucre dans la betterave.

Un engrais phosphaté aura donc une valeur *spéciale* dans la culture de la betterave à sucre : sous son influence, la betterave deviendra plus riche en sucre, et au lieu d'avoir une valeur de 20 francs pourra en avoir une de 25 francs de la tonne.

3. — **Achat et emploi des engrais.** — Lorsqu'on achète ou lorsqu'on emploie des engrais, il faut tenir compte de la richesse de l'engrais en azote et en acide phosphorique.

On sait qu'il faut en général donner à la terre par hectare, qui doit porter de la betterave, d'un rendement de 35,000 kilog., 100 kilog. d'azote et presqu'autant d'acide phosphorique.

Si donc on se propose d'acheter et d'employer un engrais qui soit dix fois plus riche qu'un autre, il faudra donc l'employer à une dose dix fois moins forte. De plus, il faut tenir compte de la facilité plus ou moins grande avec laquelle l'engrais se décompose.

C'est ainsi que pour remplacer 10,000 kilog. d'un fumier qui titrerait 5 $^0/_{00}$ d'azote, il suffirait d'employer 500 kilog. d'un tourteau qui titrerait 5 $^0/_0$, ou dix fois plus d'azote.

La raison en est, que le fumier ne se décomposant qu'assez lentement, les plantes n'utilisent guère, la première année, que la moitié de l'azote contenu dans le fumier, soit 25 kilog. par 10,000 kilog. de fumier.

Mais le tourteau titrant 5 $^0/_0$, c'est donc 500 kilog. qu'il faudra employer comme l'équivalent approximatif d'une dose de 10,000 kilog de fumier.

Après avoir bien déterminé les règles qui président à la détermination des besoins de la betterave à sucre, et les principes qui doivent nous guider dans l'achat et dans l'emploi des engrais qui conviennent à la betterave à sucre, nous tenterons d'en faire l'application sous le titre de Pratique des engrais.

Mais tout d'abord, demandons-nous ce qu'il convient de donner à la betterave pour l'avoir riche et belle.

## § II. — Des besoins de la betterave à sucre et des principes qui président au choix et l'emploi des engrais qu'elle exige.

1. — **Besoins de la betterave à sucre.** — *Moyens à employer pour déterminer les besoins d'une plante.* — Pour déterminer la nature et la quantité d'engrais qu'il convient de donner à une plante, il faut surtout considérer la composition de la plante, la durée de sa végétation et l'influence spéciale de certains engrais, sur son développement. C'est ce que nous allons faire.

Rappelons d'abord que rien ne vient de rien ; ainsi une plante qui pousse rapidement comme la betterave, qui en peu de temps emprunte beaucoup au sol, a donc besoin de recevoir un aliment bien préparé, c'est-à-dire un fumier fait, bien décomposé ; ou un engrais très soluble dans l'eau, comme le nitrate de soude. L'examen de la composition de la betterave va nous permettre d'en déterminer assez exactement les quantités d'engrais à employer dans sa culture.

2. — **Composition de la betterave.** — Dans 50,000 kil. d'une betterave ordinaire, il y aurait d'après Wolff :

| | | |
|---|---|---|
| Acide phosphorique . . . . | 55 | kilogrammes |
| Potasse. . . . . . . . . . . | 200 | » |
| Soude . . . . . . . . . . | 40 | » |
| Chaux . . . . . . . . . . | 35 | » |
| Azote . . . . . . . . . . | 80 | » |

Il s'agit ici d'une betterave dont le jus aurait une densité de 5, et dont la richesse en sucre serait à peine de 10 $^0/_0$.

Mais une betterave qui aurait de 14 à 15 $^0/_0$ de sucre, soit une moitié en plus, aurait environ 75 d'acide phosphorique, c'est-à-dire un tiers en plus. Car l'expérience a démontré qu'il faut que la betterave prenne environ un kilog. 100 pour secréter 100 kilog. de sucre.

Mais il y a ici pour le cultivateur une large compensation, puisqu'il faut à une betterave riche très sensiblement moins d'azote dans sa racine, soit 60 kilog. en tout au lieu de 80.

Mais que la betterave ait une racine riche ou pauvre en azote, il faut toujours lui donner un engrais qui titre environ 3 kilog. d'azote par 1000 kilog. de racines à récolter.

La différence, quant à l'azote, entre une betterave riche et une betterave pauvre, consiste non pas en ce que les quantités d'azote sont différentes, mais en ce que l'azote se fixe surtout dans les feuilles de la plante, lorsque les racines en sont riches. Dans ce cas, en effet, les feuilles contenant la même quantité d'azote que les feuilles des betteraves ordinaires sont beaucoup plus abondantes, plus nombreuses.

Mais, au contraire, c'est plus particulièrement dans les racines que se fixe l'azote, lorsque les racines ont peu de sucre.

De sorte qu'une betterave riche demande autant d'azote qu'une betterave pauvre, bien que plus tard elle en laisse au moyen de ses feuilles beaucoup plus au sol.

En résumé, l'expérience a démontré qu'il faut en général en France donner à une terre de fertilité moyenne une quantité de 130 à 140 kilog. d'azote par hectare pour une récolte de 40 à 45,000 kilog. de racines, soit en moyenne 3 kilog. d'azote par 1,000 kilog. de racines. Et, si l'on veut une betterave riche, aux 3 kilog. d'azote il faut, en général, associer 2 kilog. d'acide phosphorique.

En Allemagne, où le sol est plus pauvre en acide phosphorique et en chaux, on n'emploie généralement que 60 kilog. d'azote contre le double d'acide phosphorique.

En France, un pareil engrais ne donne qu'un résultat médiocre, et il faudrait s'en défier, si ce n'est dans les terrains tertiaires, essentiellement composés d'un sable frais et riche.

3. — **Effets particuliers de certains engrais sur la betterave.** — Un fumier pailleux tiendrait la terre légère et la betterave serait mal faite.

Cet inconvénient est grave lorsqu'il s'agit de betteraves riches : car, naturellement, elles deviendraient plus facilement racineuses que les autres.

D'ailleurs un fumier pailleux, ou employé après l'hiver, ne joue que fort peu en été ; mais c'est pour se décomposer en automne, très activement sous l'influence des premières pluies.

Dans ce cas, la betterave reste verte, mûrit fort mal et ne donne que peu de sucre.

En France, sans aller jusqu'à proscrire, tant s'en faut, le fumier comme en Allemagne, il faudra tout au moins ne l'employer qu'à dose modérée, 30,000 kilog. au plus, et encore faudra-t-il qu'il soit bien fait et appliqué de bonne heure, fin décembre au plus tard.

## § III. — La Pratique des engrais.

1 — **Le fumier avec engrais chimiques.** — Il faut en hiver fumer la terre à la dose de 30,000 kilog. par hectare, et au printemps de 800 kilog. d'engrais chimiques, composés, de 300 kilog. de nitrate de soude, et le reste ou 500 kilog. de superphosphate de chaux.

Nous supposons que la terre, après avoir été partiellement épuisée et salie par une céréale, a été déchaumée avec soin en septembre, octobre ou novembre.

Dans ce cas, voici comment se feront les applications des engrais.

1° *Le fumier.* — C'est en novembre ou décembre, au plus tard en janvier, qu'on transporte le fumier aux champs.

Ce fumier sera bien fait, c'est-à-dire : brun, jaune, couleur chocolat, non pailleux ni brûlé.

Il sera répandu immédiatement après son transport dans les champs, puis enterré quelques jours après par un labour ordinaire de 15 à 18 centimètres.

La charrue, nous le savons, sera suivie de la fouilleuse.

Le premier instrument descendant à une profondeur de 18 centimètres, et le second de 10, la terre arable aura une épaisseur de 28 centimètres; cette couche est à peine suffisante pour une plante pivotante comme la betterave.

Nous voulons que le fumier soit employé de bonne heure, en hiver; car telle est la mauvaise influence du fumier de printemps, qu'il rend quelquefois malades les betteraves; qu'il provoque parfois le noircissement du collet, et qu'il diminue presque toujours le sucre de 2 à 3 p. °/₀ en moyenne.

Un savant allemand, le docteur Fühling, a trouvé une différence de 5 avec du fumier de bœuf; une richesse de 8 pour le fumier de printemps, et de 13 pour le fumier d'automne.

*Remarque sur le poids et le volume du fumier.* — On sait qu'un mètre cube de bon fumier pèse environ 500 kilog., et que, l'hiver, dans les champs, un cheval attelé à une voiture ne peut guère traîner qu'une charge de 500 kilog.

Une quantité de 30,000 kilog. de fumier correspond donc à 60 mètres cubes ou à 60 colliers ; c'est-à-dire à environ 20 voitures à 3 chevaux par hectare, soit 8 à 9 voitures du journal de 42 ares.

2° *Mode d'emploi du nitrate et du phosphate.* — C'est au moment de la semaille, en avril, qu'il faut ajouter les 800 kilog. d'engrais chimiques, dont 300 de nitrate de soude et 500 de superphosphate de chaux, au titre minimum de 12 d'acide phosphorique (soit 45 d'azote contre 72 d'acide phosphorique).

La betterave enlevant au sol 4 kilog. de potasse par 1,000 kilog. de racines, ce n'est pas sans quelque raison que de bons cultivateurs ajoutent de la potasse au nitrate de soude et au phosphate de chaux.

La dose de l'engrais potassique doit donner de 40 à 50 kilog. de potasse par hectare, soit 100 kilog. de chlorure de potassium au titre de 85 de pureté. Ces 85 correspondent à 45 environ de potasse.

Le prix du chlorure de potassium est de 24 à 26 francs les 100 kilog.

La potasse est utile dans les sols dont l'analyse accuse moins d'un gramme par mille grammes, c'est-à-dire moins d'un millième.

Quelques sols sont dans ce cas; telle est aussi, — mais beaucoup plus souvent, — la trop faible richesse en acide phosphorique de beaucoup de terrains.

Dans les terrains argilo-calcaires un peu secs, plus riches en acide phosphorique, on n'emploiera que 400 kilog. de superphosphate au lieu de 5 à 600.

*Remarque I.* — Dans les terrains humides, 100 kilog. de nitrate de soude sont souvent remplacés par 100 kilos de sulfate d'ammoniaque ; dans ce cas, on aura 100 kilog. de sulfate d'ammoniaque, contre 200 kilog. de nitrate de soude.

La betterave ainsi fumée a moins de sels; et, plus pure, donnera moins de mélasse et parfois plus de sucre.

Mais l'expérience démontre que 100 kilog. de sulfate d'ammoniaque à 20 d'azote et du prix de 40 francs, donnent un rendement moins considérable que 100 kilog. de nitrate de soude, qui ne titrent que 15 à 16 et ne coûtent que 30 francs.

Ces engrais sont répandus à la volée et enterrés à l'extirpateur à une profondeur de 12 à 15 centimètres au moins, car un enterrement un peu profond ne nuit pas à leur effet, tant s'en faut.

Quelques bons cultivateurs n'emploient ainsi, en les semant à la volée, que les deux tiers du nitrate, et environ les trois quarts de leur phosphate.

Le reste, soit 100 kilog. de nitrate et 150 de phosphate, est répandu au semoir dans les lignes de betteraves.

A cet effet, au semoir ordinaire des fabriques de sucre, on ajoute un distributeur d'engrais.

L'engrais est déposé à 5 ou 6 centimètres au-dessous des grains de betteraves.

Cette distribution d'engrais azoto-phosphaté se fait donc lors de la semaille, et au plus tard lors du premier binage, à droite et à gauche des lignes de betteraves.

Dans ce dernier cas, l'engrais est peu enterré, et il n'est pas démontré qu'il agisse très efficacement.

Quelques cultivateurs font cette distribution en deux fois.

*Remarque II.* — Pour justifier les quantités ci-dessous de fumier et d'engrais chimiques, rappelons ici que l'expérience a démontré depuis longtemps déjà: que dans un sol de fertilité moyenne, 3 kilog. d'azote donnent en général 1,000 kilog. d'une betterave ordinaire.

Or les 30,000 kilog. de fumier titrent 4 à 5 d'azote, dont la moitié seulement était assimilable, c'est-à-dire utilisée par la plante dans le cours de sa végétation, pour le cas où le fumier ne s'emploie qu'au printemps, trop tard, en avril par exemple.

Dans ce cas, les 30,000 kilog. de fumier ne donnent que 2 pour 10,000, soit : 60 kilog. d'azote assimilable seulement.

Mais appliqué avant l'hiver, le fumier, plus décomposé, est beaucoup plus assimilable. Il donne alors assez facilement 3 d'azote assimilable pour 1,000, au lieu de 2.

Dans ces conditions, le fumier tiendra donc à la disposition de la betterave $3 \times 30$, ou environ 90 kilog. d'azote.

Le nitrate de soude de son côté titrant 15 d'azote, les 300 kilog. donneront 45 kilog. d'azote.

Le sol recevra donc en tout 90 + 45 ou 135 kilos d'azote, dont le tiers est de 45.

Le rendement en betterave serait ainsi à raison de 1000 kilog. par 3 kilog. d'azote, et par hectare de 45,000 kilog.; avec une betterave ordinaire n° 2 plantée à raison de 7 à 8 du mètre carré; et, seulement, de 42,000 kilog. environ avec une betterave n° 1 très riche en sucre.

Et encore faudrait-il la tenir assez serrée pour n'avoir pas moins de 9 à 12 betteraves au mètre carré.

Mais grâce au phosphate et au rapprochement des plants, cette betterave ne titrera pas moins de 12 à 13 de sucre de son poids.

Sa valeur étant en moyenne de 25 à 26 francs, les 42,000 kilog. donneraient un produit de 1,000 francs environ. Dans les bonnes années, on pourra faire 44,000 kilog., soit, à 25 francs, 1,100 francs de l'hectare.

La dépense pour les engrais, nous le savons, est d'environ 300 francs, et comme il faut ajouter 450 francs pour frais divers, il restera au cultivateur un bénéfice net de 200 à 250 francs par hectare.

*Remarque III.* — Dans aucun cas, il ne faut en général jamais dépasser la dose de 300 kilog. de nitrate de soude par hectare et par an, sous peine de détériorer le sol, de le rendre peu à peu moins meuble et d'un travail plus difficile.

Si donc le sol était assez pauvre ou si on ne disposait que de 20,000 kilog. de fumier au lieu de 30,000, il faudrait suppléer à la différence, c'est-à-dire aux 10,000 kilog. qui feraient défaut, soit à 30 kilog. d'azote, non pas par une plus grande dose de nitrate, mais au moyen d'un engrais organique de décomposition rapide, comme la poudrette et le tourteau.

Ces derniers engrais s'emploieraient en janvier, sur gros labour, pour qu'ils pénètrent bien dans le sol, à la dose de 600 kilos de l'hectare pour le tourteau qui titre 5 p. $^0/_0$ et de 2,000 kilog pour la poudrette qui titre 1,50 $^0/_0$.

Mais avec le tourteau qui n'a que 1 $^0/_0$ d'acide phosphorique, il faudrait ajouter 200 kilog. de superphosphate de chaux au titre de 10 à 12.

*Remarque IV.* — Les chiffons de laine de décomposition très lente et d'un mélange très imparfait ne constituent pour la betterave qu'un engrais médiocre, et dont l'emploi à dose modérée devrait dans tous les cas être fait de très bonne heure, dès le mois d'octobre et, encore,

2. — **Les engrais organiques et les engrais chimiques.** — A défaut de fumier, on emploiera un autre engrais organique suffisant pour donner au sol la même dose d'azote assimilable que le fumier, soit en moyenne de 80 à 90 kilog. par hectare, que donnent au sol 30,000 kilog. de fumier. Beaucoup de cultivateurs emploient le tourteau de colza des Indes, qui titre 5 d'azote, ou celui du pavot des Indes ou de Sésame, qui ont 6, ou encore celui d'arachide décortiqué, qui a 7.

En effet, les 30,000 kilog. de fumier donneraient près de 90 kilog. d'azote assimilable, c'est-à-dire, disponible pour la plante dans le courant de l'année.

Le tourteau d'arachide titrant 7, il faudra en employer 1,200 kilog. pour avoir 84 kilog. d'azote.

Mais ce tourteau étant d'une décomposition plus rapide que le fumier, ne s'emploiera qu'en janvier et février.

La dépense en est assez considérable, car le prix en est de 15 à 16 francs, soit 150 francs des 1,000 kilog.

Inutile de dire qu'au tourteau, qui ne tient lieu que de fumier, il faut ajouter au moment de la semaille, les 7 à 800 kilog. d'engrais chimiques dont nous venons d'indiquer la composition, soit en général 300 kilog. de nitrate et 500 kilog. de superphosphate.

*Remarque I* — L'azote du tourteau, comme l'azote des matières solides, est considéré comme complétement assimilable dans le courant de la végétation de la betterave.

*Remarque II.* — Les poudrettes ne titrant que 1,50 d'azote, soit 15 pour 1,000, il faudrait en employer de 5 à 6,000 kilog. par hectare, à 6 francs du quintal, c'est une dépense de 300 francs : environ.

3. — **Les engrais chimiques seuls ou le système allemand.** — En Allemagne, où on ne produit en général qu'une betterave extra-riche, on emploie lors de la semaille :

1° de 300 à 400 kilog. de nitrate de soude,

2° de 500 à 600 kilog. de superphosphate de chaux.

Et on obtient après blé, fumé avec 40,000 kilog. de fumier, et largement phosphaté, une récolte moyenne de 30 à 35,000 kilog. de betterave titrant de 12 à 15 de sucre.

Il est vrai qu'en Allemagne, la terre est en général moins calcaire qu'en France, et ainsi souvent comme conséquence plus pauvre en acide phosphorique. Dans de pareils terrains, les phosphates produisent beaucoup plus d'effet, parce qu'ils agissent à la fois par la craie et par l'acide phosphorique. On sait qu'il y a solidarité entre tous les éléments du sol, et qu'il suffit qu'un élément soit en trop faible quantité pour que le sol produise peu, et qu'ainsi il laisse inactifs ou en réserve les autres éléments de fertilité du sol.

Or les sols siliceux ou argilo-siliceux qui dominent dans quelques parties de l'Allemagne, n'ayant que peu d'acide phosphorique seront rendus très productifs par l'addition de phosphates. Ainsi s'expliquent les effets merveilleux obtenus par l'emploi des phosphates en Allemagne, et dans certaines parties de la France formées de terrains tertiaires ou jurassiques.

4. — **Les engrais composés de commerce employés comme compléments du fumier.** — Ces engrais doivent avoir un d'azote contre un d'acide phosphorique environ. Mais si on les emploie en France seuls, et, par suite, à forte dose, ils ne titreront que 5 d'azote contre 3,5 à 4 d'acide phosphorique.

Pour l'achat de ces engrais, les cultivateurs s'adresseront à des marchands honnêtes directement, ou par l'intermédiaire des fabriques de sucre qui leur en feront l'avance jusqu'au règlement de compte de leurs betteraves.

On répandra ces engrais à des doses suffisantes pour donner au sol 50 kilog. d'azote avec fumier, et 150 sans fumier ni autre engrais.

Dans tous les cas, il faut acheter sur la garantie d'analyse.

La dose à employer variera avec la richesse. Et pour déterminer cette dose, se rappeler que pour obtenir 40 à 50 kilog. de betterave à l'hectare de 12 de sucre, il faut donner à la terre 150 kilog. d'azote et environ de 90 à 100 kilog. d'acide phosphorique. En Allemagne il faudrait moins d'azote et plus d'acide phosphorique.

5. — **Améliorations urgentes et fautes faciles à éviter.** — Il faut absolument ajouter au fumier une certaine quantité d'engrais chimiques, parce que les engrais chimiques sont plus rapidement assimilables que le fumier, et qu'ainsi ils

sont mieux appropriés aux besoins d'une plante qui pousse rapidement comme la betterave.

De plus, riches en acide phosphorique, qui est le père du sucre et en général de toutes les matières hydrocarbonées, les engrais chimiques feront une betterave riche d'abord, et ultérieurement préviendront la verse des céréales, du blé surtout.

Il faut en outre éviter : 1° de laisser perdre le purin de fumier dans la rue ; pas de bon fumier sans purin. 2° Il faut bien se garder d'employer tardivement des fumiers pailleux ; ces fumiers font une betterave pauvre, parce qu'elle ne mûrit pas, et très racineuse, parce que le sol est creux, léger. Une pareille betterave est mauvaise pour le cultivateur et plus mauvaise encore pour le fabricant.

Il y va de la prospérité de la culture et de l'industrie sucrière d'éviter ces fautes graves.

---

# CHAPITRE III.

## LE SOL

### CHOIX ET PPÉPARATION.

I. — **Choix.** — La betterave ne réussit bien que dans les bonnes terres franches.

Les terres à blé, à luzerne et à trèfle violet lui conviennent tout particulièrement. Ces terres, on le sait, sont tout à la fois fraîches et profondes : le rapide développement de la betterave, en été, et la longueur considérable de ses racines justifient bien cette double exigence.

Ces terres ne se louent guère en France que 100 francs de l'hectare, et en Allemagne, où la bonne terre est plus rare, souvent le double et même jusqu'à plus de 300 francs.

2. — **Préparation.** — Les travaux qui constituent essentiellement la préparation du sol destiné à la betterave, consistent dans le déchaumage qu'il convient de faire avec soin, dès le mois

de septembre; dans les labours, qui doivent être profonds ou ordinaires; mais, dans ce dernier cas, suivis de fouilles; et enfin dans de nombreuses façons superficielles, faites à l'extirpateur, à la herse et au rouleau.

1° *Le déchaumage.* — On sait que le déchaumage consiste à donner à la terre qui porte chaume, différentes façons superficielles dans le but de provoquer la germination des mauvaises graines, et aussi afin d'ameublir la couche superficielle du sol, que la charrue un mois ou deux après retournera.

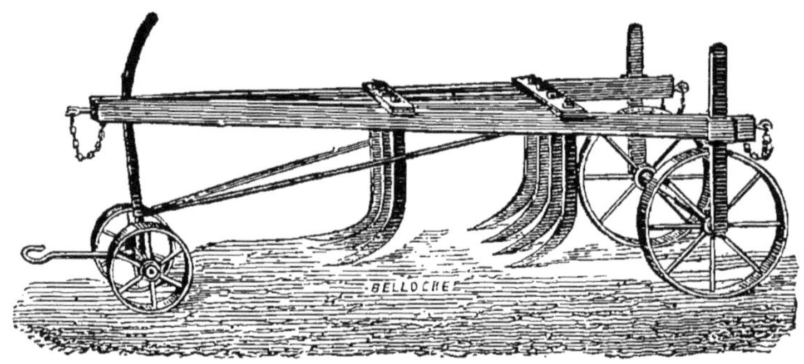


Fig. 6. — Extirpateur pour déchaumer.

Ces graines de mauvaises plantes, comme la sanve, la nielle, ou le coquelicot, qui infestaient les céréales, sont en grande partie tombées sur le sol, lors de la moisson.

En les faisant germer dès l'automne, on en préviendra le développement au printemps.

Mais pour réussir, il faut bien se garder d'enterrer profondément les graines; car la plupart sont toutes petites, et elles ne germeraient pas, si elles étaient trop enterrées.

A cet effet, après avoir extirpé fin août, peu profondément dans un sens, il est bon d'extirper de suite, ou quelques jours après dans un autre sens, ou tout au moins un peu obliquement.

En septembre ou octobre, il faut, de plus, herser une ou deux fois sa terre, puis la rouler.

Tant que la sanve, qui germe à une température voisine de zéro, verdit le sol de ses jeunes pousses, et tant qu'on n'est pas pressé par l'épandage du fumier, il ne faut jamais se lasser de herser et de rouler sa terre: la propreté du sol est à ce prix.

2° *Labours profonds ou labours ordinaires et fouilles.* — Les labours doivent être faits, fin septembre, octobre ou au plus tard en novembre.

Fig. 7. — Brabant simple défonceur Lanz, n° 3.

Ils auront une profondeur de 30 centimètres, mais lorsque le cultivateur manque de force, ou lorsque le sous-sol est de mauvaise qualité, qu'il est rouge surtout, il ne faut laisser descendre la charrue qu'à une profondeur de 18 à 20 centimètres; Dans ce cas, on fera suivre la charrue d'une fouilleuse qui descendra à une profondeur de 8 à 10 centimètres.

La fouilleuse est une sorte d'extirpateur à un seul âge et à trois dents rapprochées; on en règle la profondeur au moyen d'un sabot ou d'une petite roue qu'elle porte en avant de l'âge. Fig. 9.

On peut remplacer cet instrument, qui d'ailleurs ne coûte guère qu'une trentaine de francs, par le Brabant double dont on fait sauter le versoir de l'un des deux corps de charrue.

Après avoir labouré, à la manière ordinaire, avec le corps de charrue qui est armé de son versoir, au bout du sillon, on retourne son Brabant et on passe de nouveau dans le sillon avec le corps de charrue qui n'a pas de versoir, ou d'oreille.

Fig. 8. — Brabant double Delahaye.

Il faut enterrer et déterrer le Brabant au bout de chaque sillon. La terre ainsi remuée reste dans le fond du sillon; on réalise

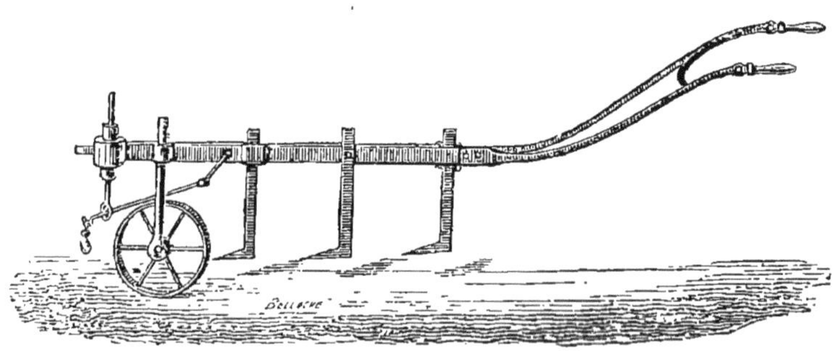

Fig. 9. — Fouilleuse Delahaye.

ainsi les avantages des labours profonds tout en en évitant les inconvénients.

Les terres labourées profondément souffrent moins de l'humidité l'hiver et de la sécheresse l'été: les betteraves y sont plus grosses, plus riches surtout et moins racineuses.

3. — **Les façons superficielles.** — C'est de la fin de février à la fin de mars que le cultivateur, pour nettoyer, ameu-

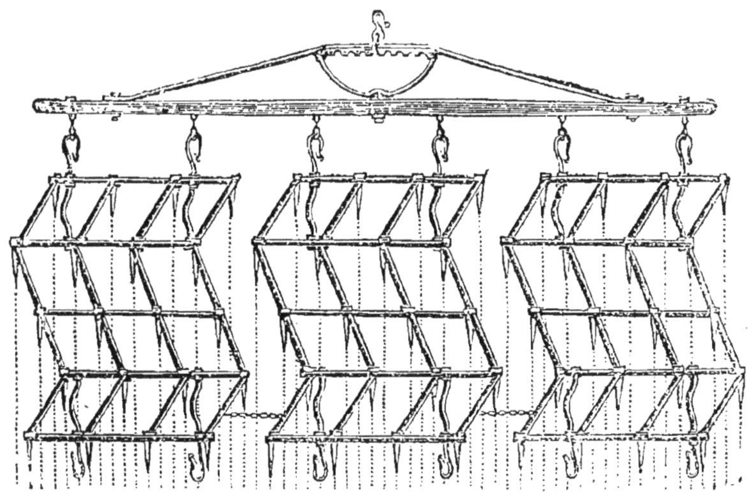

Fig. 10. — Herse en zig-zag.

blir et rendre sa terre à betterave complétement homogène, doit souvent se servir de l'extirpateur, de la herse, du rouleau; et,

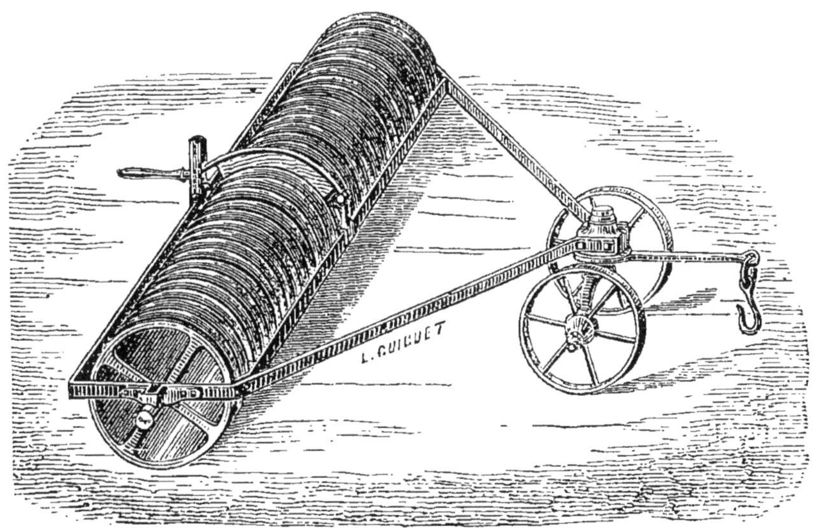


Fig. 11. — Rouleau en fonte Pilter.

s'il se peut, du scarificateur, c'est-à-dire d'une forte herse montée sur trois roues.

La terre passe en général l'hiver sur fort labour, car la surface pendant cette saison, doit en être motteuse et accidentée: c'est dans ces conditions que la terre subira fortement l'action bienfaisante de la gelée.

A la fin de décembre pourtant, il y a toujours dans la ferme de nouvelles provisions de fumier; ces fumiers sont riches, car ils sont obtenus de bêtes copieusement nourries à la pulpe et au tourteau.

Il faut profiter d'un jour de gelée pour les transporter sur une partie des terres destinées à la betterave et non encore fumées.

L'épandage aura lieu de suite et l'enterrement s'en fera au moyen d'un labour ordinaire.

Alors, à défaut de fumier, et sans attendre plus longtemps, on enterre le tourteau et le superphosphate de chaux: 1,200 kilog. de tourteau et 400 kilog. de superphosphate.

Au printemps, lorsque la terre sera ressuyée, il faudra en faire l'ameublissement superficiel au moyen de l'extirpateur que suivront la herse et le rouleau.

Avec ces instruments, on passera et on repassera plusieurs fois; car il faut que la terre soit *meuble*, *rassise* et *douce* comme la terre d'une planche de jardin potager.

Avec les premières chaleurs du printemps et à l'approche des semailles, les graines des mauvaises plantes, comme en automne, germent assez rapidement.

Dans ce cas, éviter de se servir d'un instrument comme l'extirpateur qui, retournant la terre avec ses larges dents, ramènerait de mauvaises graines à la surface.

C'est alors que le scarificateur est particulièrement utile.

On sait que cet instrument est une sorte de forte herse à 18 ou 25 dents, montées sur un bâtis et sur roues comme l'extirpateur.

Il coupe la terre sans la retourner et ainsi il détruit les mauvaises plantes, sans en faire pousser un grand nombre de nouvelles.

Nous en signalons avec confiance l'emploi à l'attention des praticiens désireux de bien faire.

Il est vrai que c'est un instrument de plus à introduire dans la ferme et nous le regrettons; mais cet instrument est devenu nécessaire avec la suppression de la jachère et la grande extension donnée à la culture des racines.

La terre enfin est devenue propre, tassée et complétement homogène, c'est-à-dire qu'elle est sans herbes, sans vides et de même nature dans toute son épaisseur; c'est ainsi qu'elle doit être à l'approche des semis de betterave.

**4. — Améliorations urgentes à réaliser et fautes à éviter.** — Les modifications qu'il importe le plus de faire dans la préparation du sol destiné à la betterave consistent essentiellement à faire des labours plus profonds, ou, plus simplement, à pratiquer des labours ordinaires, mais suivis de fouilles. Il faut de plus que ces labours et fouilles soient précédés de façons superficielles, afin d'éviter à tout prix de mettre dans le fond de la raie une terre dure et insuffisamment ameublie. Il faut donc que le cultivateur se garde bien de ne pas pratiquer le déchaumage de sa terre à betterave, et surtout il doit bien se garder de labourer profondément au printemps, sans faire précéder ces labours de façons superficielles; car ce n'est qu'ainsi qu'il pourra suppléer tant bien que mal au déchaumage d'automne.

C'est tout à la fois par l'ameublissement et le tassement du sol, et par l'emploi de fumiers décomposés que les betteraves riches, naturellement très racineuses, conserveront leur régularité de forme.

S'il en est autrement, c'est-à-dire s'il y a des vides, des interstices dans le sol, la bonne betterave à sucre développera quelques grosses racines en forme de pattes d'araignée.

Dans ces conditions, la betterave donne moins, conserve plus de terre à l'arrachage, rend les transports plus onéreux et donne lieu à des tares considérables.

En un mot, pour avoir de belles et bonnes betteraves à sucre, il faut, avec un engrais fait et bien mélangé, que les labours soient profonds et qu'ils soient précédés et suivis de façons superficielles nombreuses.

La terre est prête, la fin de mars approche; il faut songer à la semaille.

# CHAPITRE IV

## LES SEMIS DE BETTERAVE.

1. — **Époque et quantité.** — C'est aux environs du 15 avril qu'il faut semer la betterave à sucre; au plus tôt à la fin de mars et au plus tard dans la première quinzaine du mois de mai.

Semée plus tôt, en effet, la betterave monte à graine, et, semée plus tard le développement en est incomplet, la mâturité de la racine laisse à désirer, car les feuilles en sont encore vertes au moment de l'arrachage et alors la richesse en sucre et le poids brut se trouvent diminués.

Pour germer, la betterave demande 126° de chaleur. De sorte qu'elle germera en 14 jours par unè température moyenne de 9°. En effet, 126 : 9 = 14. Car ce nombre 126 est le produit du temps par la température moyenne.

Mais, pour que la germination se fasse dans le temps déterminé par ce calcul, il faut que le sol ne contienne pas moins de 7 % d'eau, ni plus de 17; sinon la germination est plus ou moins retardée.

On emploie aujourd'hui dans la culture de la betterave une quantité considérable de graine, en moyenne 25 kilog. par hectare: la levée en est ainsi plus régulière, et par là on est plus sûr de pouvoir laisser au binage une moyenne de cinq betteraves au mètre carré.

S'il devait en être autrement, la betterave donnerait moins en poids brut, et, de plus, serait moins riche.

2. — **Profondeur et conditions de bonne germination.** — La graine de betterave ne doit pas être enterrée à plus de 2 ou 3 centimètres.

Pour que la germination se fasse bien, il faut s'efforcer d'obtenir le contact de la graine avec le sol.

A cet effet, il est bon que le fond du sillon, sinon le dessus, soit un peu tassé, uni.

C'est ce qu'on obtient par une disposition spéciale du semoir; par le passage dans le sillon, par exemple, d'une petite roue.

Beaucoup de cultivateurs mélangent leur graine avec des engrais chimiques essentiellement composés de phosphate de chaux et de nitrate de soude; d'autres sèment ces engrais en lignes en les déposant, au moyen d'un semoir spécial, à quelques centimètres au-dessous des graines de betterave.

Cette dernière pratique surtout est bonne, mais aux conditions suivantes:

1° Que ces engrais seront déposés au moins à 5 ou 6 centimètres *au-dessous* des graines de betterave.

2° Qu'ils *ne dépasseront pas* la dose de 100 à 150 kilog. par hectare.

3° Que le mélange en aura été fait dans des *proportions convenables;* qu'il y aura au moins 1 de nitrate de soude contre 1 à 2 au plus de superphosphate de chaux, ou mieux encore de phosphate précipité, qui coûte relativement moins cher, et dont l'action paraît plus favorable à la germination des graines.

Mais à défaut d'un semoir spécial, à double effet, c'est-à-dire à double caisse et à double soc, l'engrais pourra être répandu au-dessus et en avant des lignes de betteraves, au moyen de distributeurs d'engrais ajoutés au semoir ordinaire. Ces distributeurs ne sont que d'un prix peu élevé, car ils ne consistent que dans une simple caisse traversée par un axe que meut l'essieu du semoir, au moyen d'un engrenage d'angle.

Cet axe porte des cuillers qui puisent l'engrais et le déposent dans des tubes de distribution.

Ces tubes, un peu mobiles, se déplacent pour laisser, lors du semis, tomber la graine dans les lignes; et, ultérieurement, — alors que les betteraves commencent à pousser, — à droite et à gauche des lignes.

Dans le cas de distribution d'engrais en mélange avec les graines, il faut bien se garder de dépasser de beaucoup 2 fois le poids de ces graines, c'est-à-dire qu'il ne faut en général pas mettre plus de 50 à 60 kilog. à l'hectare d'engrais mélangés.

Ainsi employés, ces engrais chimiques, sans nuire aux phénomènes précurseurs de la germination, favorisent la plante dans son jeune âge et lui donnent une avance qui est à la fois très utile dans sa lutte contre les mauvaises herbes et contre la grande sécheresse.

L'immersion dans l'eau des graines de betteraves pendant 48 heures, et leur mise en tas jusqu'au commencement de la germination, n'a pas *toujours* donné de bons résultats.

C'est qu'en effet, s'il fait sec et froid au moment des semailles, l'embryon à demi-développé souffrira beaucoup, et le résultat de l'opération sera peu satisfaisant.

Dans tous les cas, cette préparation n'est bonne en général que pour les semis tardifs de fin avril et de mai.

Fig. 10. — Semoir mécanique Pilter pour betteraves et graines diverses.

3. — **Modes de semis.** — On sème la betterave à la volée, en poquets ou en lignes.

1°. — *Semis à la volée.* — Ce mode de semis, qui est le plus ancien, est aussi le plus mauvais parce qu'il rend plus difficile le binage et qu'il en augmente le prix.

2°. — *Semis en poquets.* — Ce mode de semis a été jusque-là encore trop peu étudié; bien pratiqué pourtant, il présenterait des avantages sérieux.

On sait qu'il consiste à déposer les graines en touffes, bouquets ou poquets de distance en distance; par exemple, à 45 centimètres entre les lignes de poquets et à 20 centimètres dans les lignes. Par ce procédé, les lignes sont interrompues ou discontinuées.

Il peut y avoir ainsi économie de graine et d'engrais. De plus, on obtiendra par là une régularité de démariage ou de mise à distance qu'on obtiendrait plus difficilement par les semis en lignes continues ou ordinaires.

Les meilleurs semoirs à poquets que nous connaissions, mais qui jusque-là sont fort peu employés, sont ceux de M. Denten, de Doullens, et de M. Sellier, ancien directeur de la sucrerie de Beauchamp, près de Gamaches (Somme). Le semoir construit par Zimmerman, de Halle-sur-Saale, est assez connu en Allemagne et en Autriche. Ces semoirs, un peu plus compliqués que les autres, présentent quelques inconvénients; mais, avec le temps, il sera possible de les améliorer et de les employer exclusivement dans les semailles de graines d'un grand prix.

3°. — *Semis en lignes.* — Ces lignes sont à 45 cent. de distance; 42 au moins, afin de comporter l'emploi de la houe à cheval.

---

# CHAPITRE V

## LES FAÇONS D'ENTRETIEN ET LES ESPACEMENTS.

1. — **Les binages.** — On sait que les binages consistent à donner à la terre des façons superficielles. Ces façons ont pour double objet l'ameublissement de la première couche du sol et la destruction complète des mauvaises herbes.

Les binages sont d'une grande importance dans la culture de toutes les racines, et en particulier dans la culture de la betterave.

Biner la terre, en effet, c'est la fumer sans fumier et l'arroser sans eau. S'il en est ainsi, c'est que la couche de terre qu'ameublit la binette ou la houe à cheval, constitue, pour le reste du sol, une sorte d'abri contre la grande sécheresse.

Et l'air, en pénétrant dans le sol par l'action du binage, facilite la décomposition des engrais et ainsi en rend l'action plus énergique.

Pas de binages nombreux, pas de betteraves riches et abondantes.

C'est à ce point que, dans certaines fermes du Pas-de-Calais, à la houe succède la binette et réciproquement; il n'y a presque pas d'intervalles pour peu que le champ ait une certaine étendue, car avec trois ou quatre coups de binettes on ne donne pas moins de six à sept coups de houe à cheval.

Le succès est à ce prix. La binette doit être à manche très court; long au plus de soixante-dix centimètres. La lame doit être fine et en acier bien trempé.

Assez souvent on bine trois fois: une première fois de bonne heure, c'est-à-dire à l'apparition des premières feuilles.

Une deuxième fois pour le démariage, lorsque la betterave est à peine de la grosseur d'un tout petit tuyau de plume.

Une troisième et dernière fois, fin juin et en juillet, lorsque les feuilles de betteraves sont longues de 15 à 20 centimètres, et grandes comme des feuilles d'oseille.

Assez souvent, une première façon tout à fait superficielle précède le premier binage ordinaire: ce travail se fait au moyen d'une charrue à pousser.

L'emploi en est fort avantageux; en dépensant relativement peu de force, on fait vite et bien.

C'est par l'action combinée de la binette ou de la charrue à pousser, de la binette ordinaire et de la houe à cheval, qu'on arrivera à défendre la betterave tout à la fois contre les mauvaises herbes et contre la grande sécheresse.

Il faut qu'il en soit ainsi en général, et en particulier à l'approche du démariage.

2. — **Le démariage et les espacements.** — Cette opération aussi est d'une grande importance; retardée ou mal faite,

elle peut compromettre la meilleure culture. Le démariage ou la mise en place, doit se faire de bonne heure, alors que les betteraves sont grosses au plus comme un tuyau de plume.

Il est en général l'objet principal du deuxième binage ordinaire.

On le fait à la journée ou en tâche; mais, dans ce cas, avec prime, comme récompense d'un travail bien fait.

Les betteraves dans les lignes doivent être laissées à la distance de 15 à 20 centimètres, alors que les lignes sont séparées par des distances ou espacements de 42 à 45.

Ce qu'il faut viser à tout prix c'est d'avoir de dix à douze betteraves au mètre carré.

C'est dans ces conditions de rapprochement considérable que la betterave à sucre murira complétement et sera riche.

D'ailleurs, naturellement plus petite que la betterave fourragère, ce n'est que par un grand nombre de pieds qu'elle occupera complétement tout le sol qu'on lui donnera, et qu'ainsi elle donnera son maximum de rendement.

Mais les binages des betteraves peu distancées sont plus difficiles et plus coûteux; l'arrachage aussi est plus onéreux, et il convient d'augmenter les binages de dix à douze francs de l'hectare, et l'arrachage de sept à huit francs.

C'est une augmentation nouvelle d'une vingtaine de francs par hectare, mais devant laquelle un bon praticien n'hésite jamais; car là est un des grands moyens à employer pour obtenir beaucoup et bon.

C'est à ce point qu'avec quatre betteraves au mètre carré, on a obtenu 62 mille kilog. de betteraves par hectare et 80 mille avec 10.

Et pourtant la première betterave n'avait que 5 de densité, et ainsi à peine 10 de sucre; alors que la seconde ne titrait pas moins de 12, soit environ six de densité.

En Allemagne, où les betteraves sont toujours tenues très serrées, à raison de douze et même de quinze au mètre carré, le démariage se fait en deux temps : et tout d'abord, armées d'une binette large de 15 centimètres environ, et en marchant perpendiculairement aux lignes de betteraves, des femmes mettent ces dernières en touffes par un simple coup de binette donné de distance en distance.

Ultérieurement des enfants isolent les betteraves en saisissant, pour la protéger, la plus belle de la main gauche, et en arrachant les autres de la main droite.

Ce procédé, que nous avons vu pratiqué en Allemagne, devrait être essayé chez nous.

En résumé, pour obtenir que les bineurs ne laissent pas moins de dix betteraves au mètre carré il faut les payer plus cher, surtout les encourager par des primes, et au besoin ne leur faire faire ce travail qu'à la journée, et en deux temps, par la mise en touffes et le démariage proprement dit.

3. **La houe à cheval.** — Dans les années humides, l'herbe pousse rapidement, et ce n'est que par la houe à cheval qu'on en devient bien maître.

C'est dans ce but que les lignes de betteraves sont établies à 42 centimètres au moins; et encore à cette distance faut-il employer un mulet ou un cheval de force moyenne.

La houe est simple ou à une seule ligne, ou composée, c'est-à-dire pour faire trois lignes à la fois.

Dans ce cas surtout, il faut un cheval docile et un charretier intelligent.

---

# CHAPITRE VI

## RÉCOLTE ET CONSERVATION.

### § I. — Récolte.

1. — **Époque.** — C'est dans la première quinzaine de septembre qu'on commence l'arrachage des betteraves. Sous l'influence de l'engrais phosphaté, les variétés allemandes surtout, plus courtes et pour cette raison plus précoces que les nôtres, seront à peu près complétement mûres.

C'est au jaunissement des feuilles qu'on reconnaît la *maturité* de la betterave.

Cette maturité varie avec le terrain, avec les années, avec l'époque des semis et avec la nature des engrais employés.

Elle change aussi avec la nature des variétés; c'est ainsi que la rose hâtive Vilmorin peut devancer les variétés ordinaires d'une quinzaine de jours; être bien mûre par exemple dès la mi-septembre.

L'emploi des fumiers tardifs et l'abus des matières azotées peuvent retarder la maturité jusqu'à la mi-octobre, parfois jusqu'en novembre, et encore; mais alors les nuits sont froides, les jours plus courts, et la betterave, recevant moins de lumière, sera parfois plus pauvre en sucre.

Les engrais phosphatés, contrairement aux engrais azotés, hâtent la maturité de toutes les plantes et en particulier de la betterave, et ce n'est pas le moindre des avantages de la nouvelle méthode de culture que de donner une betterave qui est mûre plus tôt, alors que les jours sont moins courts et le temps meilleur.

Une bonne betterave doit être mûre au plus tard à la fin de septembre; c'est alors qu'il faut procéder à l'arrachage.

2. — **Modes d'arrachage.** — On arrache la betterave ordinairement avec une fourche à deux dents ou mieux avec une petite bêche à manche court. On a aussi tenté, non sans succès, la construction d'arracheuses mécaniques de betteraves.

Dans les terrains un peu légers, l'arracheuse d'Ollivier-Lecq, traînée par deux forts chevaux, donne de bons résultats; un peu soulevées de terre par l'arracheuse, les ouvriers n'ont pour ainsi dire qu'à prendre les betteraves et à les décolleter.

On sait que ce décolletage doit toujours se faire à la naissance des premières feuilles. Il est bon que ce travail se fasse sans trop de retard; car la plante qui resterait longtemps garnie de ses feuilles, exposée sur le sol et au soleil, évaporant beaucoup d'eau, serait plus riche, mais perdrait sensiblement de son poids.

Les betteraves, mises en tas d'une forme demi-sphérique, et d'un diamètre d'un mètre cinquante environ à la base, sont provisoirement recouvertes de leurs feuilles, en attendant la mise en silos ou le transport à la fabrique de sucre.

3. — **Transport.** — Assez souvent, les betteraves, immédiatement après l'arrachage, sont transportées par le cultivateur à la fabrique de sucre, à raison de quarante à cinquante centimes par tonne et par kilomètre.

Mais alors le cultivateur a peu de temps, pressé qu'il est par les semailles d'automne ; il serait avantageux, là encore, d'imiter les Allemands, qui mettent sur place leurs betteraves en petits silos établis à la surface du sol.

## § II. Conservation de la Betterave en Silos.

1. — **Il faut éviter l'emploi de grands silos.** — Pour obtenir une bonne conservation des betteraves, ces silos doivent être petits, n'avoir guère à la base plus de deux mètres de largeur. La longueur pourra en être de 4 à 5 mètres environ ; les betteraves étant empilées à la surface du sol, sont recouvertes tout d'abord de 12 à 15 centimètres de terre seulement : puis, à l'approche des grandes gelées, d'une nouvelle couche de 20 à 35 centimètres. Soit en tout une épaisseur de 35 à 50 centimètres.

La tranchée qui a été ouverte pour donner la terre nécessaire, assure *l'assainissement du silos.*

2. — **Nous employons trop peu les petits silos.** — Nous voudrions voir propager en France, peu à peu, cette méthode de conservation de la betterave à sucre en petits silos. Elle était autrefois plus employée chez nous. Elle l'est toujours beaucoup en Allemagne. Elle ne nous paraît, dans bien des cas, pas moins avantageuse pour le cultivateur que pour le fabricant.

3. — **Inconvénients de la mise en gros tas près des sucreries.** — Les grosses masses de betteraves qu'on accumule près des fabriques de sucre, entrent facilement en fermentation.

La betterave, dans ces conditions, perd rapidement de sa richesse, et surtout de sa valeur. En trois mois, d'octobre en janvier, une betterave à sucre perd toujours, quoi qu'on fasse, beaucoup de sucre ; au moins un et demi p. $^0/_0$, et encore il n'y a que les betteraves riches et en petits silos qui ne perdent pas plus ; ainsi, une betterave qui titre 14 p. $^0/_0$ en octobre, aura encore 12.5 en janvier, ne perdant ainsi qu'un et demi.

# PREMIÈRE LECTURE.

## DU MEILLEUR MODE D'EMPLOI DES ENGRAIS DE COMMERCE APPLIQUÉS AUX BETTERAVES A SUCRE.

C'est bien à tort, paraît-il, que nous enterrons fort peu les engrais de commerce, dans la culture de la betterave à sucre; témoin les résultats obtenus par un cultivateur français, M. Derôme, et par un savant belge, M. Petermann, dans l'École d'agriculture de Gembloux.

Les expériences ont été faites avec une variété de betterave allemande « la Breslau acclimatée par Vilmorin » dans un sol argilo-siliceux.

Les différences dans les résultats sont relativement considérables. Quoi! plus de 10,000 kilog. d'augmentation dans le rendement, suivant que l'engrais a été enterré superficiellement à la herse, ou à une profondeur de 22 centimètres!

Assurément ces résultats pourront varier avec les années et la nature du terrain.

Dans les années pluvieuses, l'engrais sera partiellement entraîné dans les couches inférieures du sol, et il importera peut-être alors qu'il ne soit enterré qu'à une profondeur moyenne.

Quoi qu'il en soit, il est constant que souvent nous enterrons trop peu les engrais, que ces engrais soient chimiques ou organiques, qu'ils soient répandus à la volée ou dans les lignes.

Dans ce dernier cas, il ne faut jamais employer les engrais dans les lignes qu'à dose modérée, et à une profondeur de 7 à 8 centimètres.

Quant à la dose, il est rarement avantageux de dépasser une quantité de 200 kilog., sinon la levée de la betterave en est paralysée, surtout lorsque l'engrais contient des matières plus ou moins caustiques, comme le superphosphate de chaux.

C'est surtout par ce mode d'emploi, encore trop peu étudié jusque-là, que le phosphate précipité donnera souvent de meilleurs résultats que le phosphate soluble dans l'eau.

L'importance d'un enfouissement profond de l'engrais ressort bien de l'examen des deux tableaux suivants:

## EXPÉRIENCES SUR L'ENFOUISSEMENT DE L'ENGRAIS POUR BETTERAVES

### I

**Résultats de l'étude faite par M. Petermann.**

| ENGRAIS. | MODE D'ENFOUISSEMENT. | Rendement à l'hectare. | Augmentation de produit. | Coût de l'engrais |
|---|---|---|---|---|
| 1. Sans engrais. | | 49.310 k. | | |
| 2. { 500 k. nitrate de soude. / 650 k. superphosphate. } | à la herse........ | 58.547 k. | 9.000 | 248 fr. |
| 3. Id. | à la charrue à 12 c/m | 65.726 k. | 16.000 | 248 fr. |
| 4. Id. | Id. à 22 c/m | 69.596 k. | 21.300 | 248 fr. |
| 5. Id. (REMARQUE I.) | dans la ligne..... | 61.392 k. | 12.000 | 248 fr. |

### II

**Moyenne des résultats obtenus par M. Dérôme, depuis 1869.**

| ENGRAIS. | MODE D'ENFOUISSEMENT. | Rendement à l'hectare. | Augmentation de produit. | Coût de l'engrais |
|---|---|---|---|---|
| 1. Sans engrais. | | 35.000 k. | | |
| 2. 400 kil. engrais spécial complet. | à la herse........ | 40.000 k. | 5.000 | 100 fr. |
| 3. Id. | à la charrue 20 et 25 c/m........ | 45.000 k. | 10.000 | 100 fr. |
| 4. Id. (REMARQUE II.) | dans la ligne de graine......... | 50.000 k. | 20.000 | 100 fr. |

*Remarque I.* — La levée, dans les expériences de M. Petermann, a été retardée par la nature essentiellement chimique et toujours un peu caustique de l'engrais employé à la dose trop forte de 1,150 kilog. à l'hectare. Une dose de 400 kilog. de cet engrais judicieusement approprié et enfoui à 5 ou 6 centimètres sous la graine, aurait produit une augmentation de poids de 12 à 15,000 kilog.

*Remarque II*. — La levée a été chaque fois avancée de 8 à 15 jours, du fait que l'engrais était bien approprié à ce mode d'emploi, et qu'il était recouvert d'une couche de terre de 0,05 à 0,07 centimètres sur laquelle on déposait la graine.

D'après M. Dérôme, de Bavai (Nord), et M. Petermann, chimiste agronome belge.

---

## LECTURE II.

### EMPLOI TARDIF DU FUMIER. — DES MOYENS A EMPLOYER POUR EN ATTÉNUER CERTAINS MAUVAIS EFFETS.

Conseiller l'emploi du fumier avant l'hiver, fort bien; mais le malheur est qu'à cette époque le cultivateur n'en a que fort peu, car ce n'est qu'en engraissant les animaux qu'il en fait beaucoup et de bon.

Mais enterré à la charrue au printemps, ce fumier, nous l'avons démontré, tiendra le sol léger et rendra la betterave racineuse.

Au mois d'août, ce fumier étant enterré à une certaine profondeur, se trouvera de plus facilement en contact avec la partie la plus profonde et la plus active de la racine.

Dans ces conditions, le fumier devenant assimilable avec les premières pluies d'août, paralyse la maturité de la betterave, et, par conséquent, la formation du sucre.

C'est pour tourner toutes ces difficultés que l'idée est venue à un excellent cultivateur, M. Chevalier, de ne se servir en hiver que de litière coupée, et de n'enterrer que fort peu le fumier, au printemps.

1°. — *Il ne faut donner aux animaux, comme litière, en hiver, qu'une paille coupée en trois parties.* — Ce travail est fait, à ses heures perdues, par une femme, au moyen d'une serpe et d'un billot, au prix fixe de 150 fr. par an, et à la charge, par elle, de couper pour l'approvisionnement en hiver de 80 bêtes à cornes.

On comprend facilement les avantages d'un pareil système: le fumier fait au moyen d'une paille coupée et richement imprégnée d'urine sera court, d'une décomposition plus rapide, et il sera ainsi d'un mélange plus facile avec la couche superficielle sol.

2. — *Il faut répandre ce fumier sur une terre labourée av l'hiver,* et au printemps ne l'enterrer que très *superficiellement* binot, à l'extirpateur, à la herse et au rouleau.

A force d'aller, de venir avec ces différents instruments ar toires, le fumier se brise et se mélange intimement avec le sol.

Il est, dans tous les cas, peu enterré, et il n'agit guère q comme fumier en couverture.

C'est ainsi qu'il tient le sol frais sans le rendre creux ou lége La betterave, sous l'influence d'une pareille fumure, souffrira p de la sécheresse, l'été; et, poussant plus régulièrement, mûri plus complétement et, par conséquent, sera plus riche en sucr

Avec les pluies du mois d'août, le fumier pourra bien se de composer; mais comme il est peu enterré, il ne sera que très im parfaitement en contact avec la partie inférieure des racines de l betterave, c'est-à-dire avec la partie active ou absorbante.

Ce fumier ne fera donc pas, comme un fumier plus enterre pousser la betterave à contretemps; aussi donnera-t-il une mei leure maturité et plus de sucre.

Quoi qu'il en soit de la valeur de ces explications, toujour est-il qu'en l'année 1884 des betteraves ainsi cultivées ont pri une forme régulière, une plus grande richesse en sucre et u rendement qui a dépassé de 5,000 kilog. le rendement de bette raves venues sur un fumier de printemps et enterré par un labou ordinaire.

D'après M. CHEVALIER, cultivateur à Quesnoy le-Montant, (Somme).

---

## LECTURE III.

### LE SOL ET LES BETTERAVES RACINEUSES.

L'expérience qui m'avait servi de démonstration consistait à ensemencer deux portions égales de graine récoltée sur une betterave unique, dans deux sols voisins, de même nature, mais différant en ce que l'un avait été rendu *homogène* par des cultures anieures, tandis que l'autre avait été *négligé*. Les betteraves pro-tes par le premier avaient une forme normale; celles du second ient presque toutes fortement racineuses.

Ces inégalités dans les résultats ne sauraient donc être attri-ées à la graine, puisqu'elle était identique dans les deux cas. conçoit que les betteraves riches, fortement pivotantes, sont s exposées que les autres à devenir racineuses si elles ren-ntrent des obstacles à leur développement, ou des inégalités ns le sol; mais le même inconvénient, quoique à un moindre gré, se produit avec la betterave de qualité inférieure dans un mal préparé.

Tout dépend donc de la nature du sol, qui, je le répète, doit e physiquement et chimiquement homogène.

VIOLETTE,
Chimiste-agronome, doyen de la Faculté des sciences de Lille.

---

**Notions préliminaires.** — Telle est l'importance de la nne culture, qu'avec la même graine on pourra obtenir ici une tterave riche et abondante, et à côté une betterave pauvre et de n de rendement.

. — **Sol.** — Il faut à la betterave, qui se développe en plein et qui donne des produits abondants, un sol frais et riche. Un n labour, fait avant l'hiver, sera d'une profondeur de 25 à 30 cen-nètres, ou un peu moins; et, dans ce cas, suivi de fouilles. Il sera écédé en automne et suivi au printemps de façons superficielles mbreuses données à l'extirpateur, à la herse et au rouleau.

I. — **Les Engrais.** — La betterave, en France, demande avec 000 kilog. de fumier fait, et employé de bonne heure, un engrais commerce très rapidement assimilable, qui dose 50 kilog. d'azote, au moins autant d'acide phosphorique. Ces derniers engrais ivent être enterrés au moins à 15 centimètres de profondeur.

II. — **Semis.** — C'est en avril et au commencement de mai 'il faut semer la betterave, à la dose de 25 kilog. par hectare, et lignes distantes de 42 à 45 centimètres. Semée trop tôt, la bette-re monte à graine, et, semée trop tard, elle mûrit imparfaitement.

V. — **Les binages et espacements.** — On donne à la tterave trois binages à la main. C'est lors du second binage, qu'on appelle le *démariage*, qu'il faut isoler les betteraves, en n'én la qu'une dans les lignes, par intervalles de 18 à 20 centimètre:

Fig 11, — Binette à pousser. .

V. — **Arrachage.** — C'est au commencement de septen qu'il faut commencer et en novembre qu'il faut achever l'arracl des betteraves. Une betterave mûre a les feuilles jaunissante une grande richesse en sucre. Pour l'arrachage, une petite bêcl manche court vaut mieux qu'une fourche; car avec celle-ci on fro: toujours un grand nombre de racines.

La binette à pousser de M. Viet, et la houe à cheval doivent p céder et suivre l'emploi de la binette à la main.

VI. — **Mise en silo et conservation.** — Les silos doiv être longs, peu épais et d'une largeur seulement de 2 mètres plus.

La couche de terre qui couvrira les betteraves aura une épaisseur e 30 centimètres.

La conservation de la betterave en gros tas installés auprès des ıbriques de sucre est très imparfaite ; car dans ces conditions la etterave fermente activement et perd beaucoup de sa richesse en ucre.

Avec la production d'une betterave riche, c'est-à-dire d'une grande aleur, l'emploi des petits silos, qui est le meilleur mode de conser-ation, s'impose à tous les intéressés de l'industrie sucrière.

---

## DÉPENSES

### POUR LA CULTURE D'UN HECTARE DE BETTERAVES A SUCRE

| | |
|---|---|
| Location : 90 fr. ; Impôt et prestation : 20 fr. | 110 » » |
| Déchaumage | 20 » » |
| Labour : 30 fr.; fouille : 20 fr. : | 50 » » |
| Fumier : 30,000 kil. à 10 fr., dont la moitié environ pour la betterave : 150 fr.<br>Engrais de commerce { Nitrate : 300 kil à 30 fr. 90 fr. (Le tout au compte de la betterave) Superphosphate : 600 k. à 15 fr., (dont les $^2/_3$ seulement au compte de la betterave 60 fr. | 300 » » |
| Binage et houage | 90 » » |
| Graine : 25 kil : à 1 fr. 40 : 35 fr. ; Fin de la préparation du sol : 20 fr. ; ............... | 55 » » |
| Arrachage : 50 fr. ; charroi : 40 fr. ;.................... | 90 » » |
| Frais généraux : 30 fr. ; assurance : 1,50, et Imprévu : 2 fr. 50 : | 33 » » |
| Total de la dépense : | 748 » » |

Ainsi on a :

| | |
|---|---|
| Recettes : 40,000 k. à 25 fr. ; | 1,000 » » |
| Dépenses : 748 ou.......... | 750 » » |
| Différence ou bénéfice : | 250 » » |

*Remarque* I. — Le fumier est en général compté au-dessous de sa valeur, et surtout au-dessous de son prix de revient. Dans bien des cas, il ne coûte pas moins de 12 à 15 francs.

La dépense en engrais peut encore s'établir par la richesse d la betterave :

1° — 40,000 kil. de bett. à 1,5 °/₀₀ d'azote : 60 kil. à 2 fr. 10 : 126 fr
5° — » » à 0,6 °/₀₀ d'ac. phosp. : 24 kil, à 1 fr. : 24 fr
3° — » » 4 °/₀₀ potasse : 160 kil. à 0 fr. 60 : 96 fr
4° — Chaux, humus, divers, pertes : en tout environ : 54 fr
Total : 300 fr

*Remarque* II. — Les feuilles, qui ne titrent pas moins d 4 p. °/₀₀ d'azote, demandent beaucoup d'engrais pour se développer ; mais comme nous les laissons sur le sol ou que nous le donnons en nourriture aux animaux, il ne convenait pas d'e débiter notre compte de betteraves.

Georges Faber,
de la ferme du Grand Orme.

# LIVRE III

## HYGIÈNE, INSECTES ET MALADIES

## CHAPITRE PREMIER

### HYGIÈNE.

I. — **Règle générale.** — *Il faut user de tout modérément.*

Cette règle fondamentale de l'art de conserver la santé, c'est-lire de l'hygiène, est un peu la même pour les plantes que pour ; animaux.

Elle consiste donc à installer et à cultiver la plante dans les nditions qui lui permettront d'user de tout modérément.

2. — *Applications.* — 1° Il faut que la terre destinée à la bet-:ave soit labourée profondément, car alors la plante aura moins redouter l'excès de sécheresse, en été; et au printemps et en tomne, l'excès d'eau.

La végétation en sera ainsi plus régulière, la levée plus sûre et maturité plus complète.

2. — **Il faut que la racine de la plante, à mesure ı'elle descend, trouve dans toute l'épaisseur du sol même richesse.** — Voilà pourquoi les labours doivent être écédés de façons superficielles, et les engrais que retient tou-urs fortement le sol, être enterrés à une grande profondeur, non s seulement à la herse ou à la binette, mais en général à la ıarrue.

3. — **Il faut que les deux éléments de force de ›us les engrais se trouvent associés dans des pro-ɔrtions convenables.** — En général, comme fumure de nds, un et demi d'azote contre un d'acide phosphorique; et, ›mme fumure complémentaire du fumier, un d'azote contre un acide phosphorique au moins.

Une alimentation rationnelle de la plante est assurément l'un des meilleurs moyens à employer pour prévenir le développement des maladies et la rendre forte contre l'attaque des insectes.

Nous ne parlerons ni de l'époque des semailles, ni de l'époque des binages et des démariages, que nous croyons avoir déterminées avec assez de précision; elles aussi exercent une assez grande influence sur la santé de la plante.

4. — **Fautes à éviter contre l'hygiène de la plante.** — Les principales fautes commises contre l'hygiène de la betterave à sucre, consistent, 1° à tasser trop peu la terre par les façons superficielles du printemps.

Mais ces façons, fort utiles sans doute, ne doivent dans aucun cas suppléer les façons de l'automne.

2° C'est à tort que quelques cultivateurs, fort peu nombreux du reste, soumettent la betterave à un effeuillage partiel dès la fin du mois d'août.

La plante a besoin de ses feuilles pour grossir et s'enrichir; aussi l'effeuillage a-t-il pour effet de diminuer le rendement en poids et le rendement en sucre dans des proportions considérables, parfois de plus d'un tiers.

---

# CHAPITRE II

## MALADIES.

### § I. — La Chlorose ou Jaunisse.

I. — **Définition et symptômes.** — Cette maladie consiste dans le jaunissement des feuilles; par conséquent, dans un manque de vigueur qui se traduit toujours par une diminution de poids brut et de richesse en sucre.

2. — **Causes.** — Les causes, encore mal connues, de la chlorose, sont assez variées, mais les deux principales sont assurément le défaut d'azote convenablement assimilable et le défaut d'eau.

Il est assez facile de réagir contre ces deux causes.

}. — **Remèdes.** — Nous avons constaté que chez nous la terave à sucre ne demande pas moins de 100 kilog. d'azote : hectare. Mais il faut bien se garder de donner cet azote sous seule forme d'engrais chimiques, c'est-à-dire à la dose par :tare de 700 kilog. de nitrate de soude.

Dans ce cas, la sève de la plante se chargeant de matières sa-es, circulerait difficilement, surtout par un temps de sécheresse.

C'est pour éviter un engorgement de la plante qu'une partie de zote, — la *moitié* au moins, — doit être donnée à l'état de tières organiques, c'est-à-dire sous une forme plus progressive-nt et plus régulièrement assimilable.

Quant à la sécheresse, il faut la prévenir, c'est-à-dire l'éviter : des labours profonds.

Un sol plus profond, constituant, pour ainsi dire, une éponge is épaisse, absorbera plus d'eau au printemps et en hiver; et la nte, l'été, souffrira moins de la sécheresse.

## § II. — Le Chancre du collet.

l. — **Définition et caractères.** — C'est une affection ive qui consiste dans une altération du collet et dans le noir-sement d'une partie des feuilles, des feuilles du centre tout.

Le collet, d'abord noir, se creuse peu à peu en présentant une vité en forme d'entonnoir irrégulier.

Mais les feuilles du centre mourant, la plante pousse peu, et, rès l'arrachage, la conservation s'en fait difficilement.

2. — **Causes.** — La grande humidité du sol, l'excès d'azote le défaut d'acide phosphorique, de chaux et de potasse, en raissent être les causes les plus ordinaires.

3. — **Remèdes.** — Ici encore, il sera bon, comme moyen éventif, d'avoir recours aux labours profonds; car, dans un sol foncé, la plante souffre tout à la fois moins de la sécheresse té et de l'humidité au printemps et en automne.

L'emploi modéré de l'acide phosphorique, et, dans certains s, celui de la potasse, de la marne ou de la chaux, seront antageux.

Nous sommes loin de connaître toutes les maladies, et encore plus loin de disposer de remèdes complétement efficaces.

Quoi qu'il en soit, retenons que nous aurons beaucoup fait pour les éviter, si nous avons fait le possible pour préparer et pour fumer le sol convenablement.

---

# CHAPITRE III

## LES INSECTES NUISIBLES.

### CARACTÈRE, MŒURS ET MOYEN DE DESTRUCTION.

### § I. — Atomaire linéaire. (Atomaria linearis.)

1. — **Caractères.** — L'Atomaria est un tout petit coléoptère étroit, linéaire, à peine long de un demi-millimètre. Sa couleur varie du roux ferrugineux au brun noir. Il se montre généralement en mai ou en juin.

2. — **Mœurs.** — L'atomaria se loge entre les mottes qui entourent la graine et attend la levée pour attaquer la racine. « Lorsque le temps est beau, il se porte sur les feuilles et c'est là qu'il trahit sa présence: les feuilles sont trouées sur le revers de petits points ronds; leur bord est finement déchiqueté. » M. Dureau.

3. — **Moyens de destruction.** — Les moyens conseillés et employés avec quelques succès pour préserver les betteraves contre les ravages de cet insecte, consistent:

1° A faire *alterner les récoltes;* à éviter de faire revenir trop souvent la betterave dans le même champ;

2° A *plomber le sol* avec des rouleaux: les atomaires n'aiment pas le sol compacte, et la terre comprimée aide la plante à reprendre lorsque les racines ont été attaquées et coupées par l'insecte;

3° A bien *préparer la terre,* fumer convenablement et attendre

; la saison soit assez avancée pour que la végétation ne lansse pas. Alors la plante répare, par de nouvelles feuilles, les tes que lui font éprouver les insectes ;

ɪº A se *garder d'une économie* mal entendue de graines et à savoir ;menter et même à en doubler la quantité si les insectes se .ltiplient outre mesure, et surtout si l'on est obligé de semer ɜ seconde fois.

5º Enfin, *on arrive* à d'assez bons résultats *en imprégnant* ıuile de caméline les graines de betterave avant de les confier a terre.

## § II. — Hanneton. (Melolontha vulgaris.)

l. — **Caractères.** — La larve du hanneton ou ver-blanc sure 4 centimètres 1/2 environ de long; elle est de couleur nc–sale ou jaunâtre; son corps est formé de douze segments: lèrnier, plus long que les autres, est rempli d'une matière noire. La tête est de couleur brune, arrondie, armée de deux fortes ndibules et de deux petites antennes.

.e ver-blanc ne possède que 3 paires de pattes.

!. — **Mœurs.** — La larve du hanneton met au moins trois ans ınt de devenir insecte parfait. Elle vit en terre, s'enfonçant ıdant l'hiver et remontant au retour du printemps pour se ırrir.

« Elle affectionne les racines sucrées comme celles de la betave; elle détruit d'abord les radicelles, puis s'attaque au pivot. ; caractères de ses ravages sont : ablation de tout ou partie du :velu des racines et surtout du pivot ».

}. — **Moyens de destruction.** — Le moyen suivant, si ı commode qu'il soit, est assurément le plus pratique à emyer contre les larves de hannetons. Lorsqu'au printemps on a ıstaté l'existence d'un grand nombre de ces insectes, il faut, ı qu'ils ont cessé de voler, retourner les sols libres, en les 'sant et en les roulant plusieurs fois. Le procédé réussit bien. voici la raison.

\u mois de mai, la femelle de hanneton pond ses œufs, qu'elle enterre à une faible profondeur dans le sol. Ces œufs éclosent au bout de quelques semaines en donnant naissance à des larves qui sont très sensibles à l'action de la chaleur: un rayon de soleil suffit pour les tuer. En retournant la terre, en la hersant à des intervalles assez rapprochés on débarrassera donc assez surement le champ de la plus grande partie des larves: elles seront tuées ou par la chaleur ou par la famine.

La chasse aux vers-blancs doit durer toute l'année. Dans un champ qui en est infesté, le cultivateur fait suivre la charrue par un enfant chargé de tuer les vers mis à découvert. Il peut aussi se faire accompagner de son plus fidèle ami, le chien, dont certaines races, comme on le sait, sont friandes de vers-blancs.

On conseille aussi de laisser les terres infestées, en jachères pendant quelques mois de l'été; on coupe de la sorte les vivres aux larves, et, comme elles ne peuvent se transporter bien loin, elles périssent, faute de nourriture. En effet, on a reconnu que ces animaux se tiennent de préférence dans les endroits où la végétation n'est pas interrompue, comme dans les prairies et les champs de seigle ou de trèfle, tandis que dans ceux de froment, qui sont dépouillés pendant la seconde moitié de l'été, ou ceux de pomme de terre qui n'ont pas encore levé à l'époque du vol des hannetons, on ne rencontre guère le ver-blanc.

Enfin, on peut empoisonner le ver-blanc avec de l'eau contenant un dixième d'huile de pétrole, ou par l'enfouissement de plantes crucifères, colza, navette, moutardon. Mais tous ces moyens, — nous devons le reconnaître, — sont fort peu pratiques.

## § III. — Nématodes.

1. — **Caractères et mœurs.** — Les nématodes ou trichines de la betterave se présentent sous la forme de petits corpuscules blancs, attachés aux fines radicelles de la betterave. Ils sont de la grosseur d'une petite tête d'épingle; leur corps a l'aspect d'un sac de cornemuse; il est membraneux et se termine en pointe vers les deux extrémités anale et buccale. C'est en 1884 qu'on aurait observé ces insectes pour la première fois en France.

Pendant longtemps, en Allemagne, on a cru que la fatigue betteravière du sol, c'est-à-dire son état apparent d'épuisement, était causée par la culture répétée de cette plante, et conséquemment par l'appauvrissement du sol en potasse, acide phosphorique, etc.

« Une observation attentive a fini par démontrer que la fatigue betteravière est due, non à l'appauvrissement du sol, mais à la présence des nématodes, parasites que la culture répétée de la betterave sur un même champ contribue à entretenir et à multiplier. La plante attaquée ne meurt pas, mais elle est entravée dans son développement, et finalement le poids de la récolte se trouve considérablement diminué... » M. Dureau.

2. — **Moyens de destruction.** — Le savant allemand Julius Kühn, après avoir essayé vainement de se débarrasser des nématodes par la chaux vive, par les défoncements, par une modification dans l'assolement, a eu l'heureuse idée de les combattre en cultivant dans la terre infestée, les plantes qu'affectionnent ces parasites et qu'il nomma plantes-piéges.

Il avait remarqué, en effet, qu'à une certaine époque, les nématodes à l'état de larves se trouvent rassemblés sur les racines de certaines plantes. Si donc on enlève toutes les plantes-piéges on enlève en même temps les nématodes. Les meilleures plantes-piéges sont : les choux en première semaille et la navette d'été en deuxième et en troisième semaille.

La culture des plantes-piéges doit comprendre trois récoltes du mois d'avril au mois d'août. La récolte se fait environ cinq semaines après la levée pour la première semaille et environ quatre semaines après la levée pour les deux autres.

A la récolte, il faut éviter de briser le chevelu et de secouer la terre adhérente. On met les plantes dans des corbeilles garnies de toile ; on fait un tas de toutes les plantes et on les abandonne à la pourriture ; les résidus peuvent ensuite servir comme engrais de prairie. On laboure le champ après la première récolte, puis on sème la deuxième récolte et ainsi de suite.

On croit aujourd'hui, en Allemagne, que l'avoine est une fort mauvaise récolte préparatoire pour la betterave, car elle favoriserait considérablement le développement des nématodes.

Aussi évite-t-on avec soin de faire succéder la betterave à une récolte d'avoine : c'est ce que nous faisons trop en France.

# RÉSUMÉ

## HYGIÈNE, INSECTES ET MALADIES.

1. — **Hygiène**. — Il faut que la betterave, comme tout être vivant, pour demeurer saine, *use de tout modérément :* de là l'importance des fumures complètes et variées, c'est-à-dire riches en acide phosphorique et en azote ; en azote, sous la forme minérale ou de nitrate de soude, et sous la forme organique, c'est-à-dire de fumier, de tourteaux, ou de poudrette.

Un sol profond aussi est utile au bon développement de la plante car il prévient tout à la fois l'excès et la disette d'eau.

2. — **Insectes**. — Assez nombreux sont les petits ennemis de la betterave. Citons : 1°. L'*atomaria*, sorte de petit coléoptère, qui se cache dans le sol, et qui se porte en mai sur les feuilles pour s'en nourrir ; 2°. La mouche de la betterave ou *anthomie*, dont la larve se creuse un refuge dans l'épaisseur de la feuille ; 3°. Enfin, différentes *larves d'insectes* qui ravagent surtout les racines de la betterave, comme les larves de la *noctuelle*, du *taupin* et du *hanneton*.

Une plante vigoureuse résiste mieux contre ses ennemis : aussi faut-il considérer souvent comme le seul remède pratique à employer celui qui consiste dans l'application d'engrais pulvérulents et actifs, du nitrate de soude à la dose de 100 kilogrammes par hectare.

3. — **Maladies**. — La *chlorose* ou jaunisse et le *chancre du collet* sont des altérations graves ; et pourtant elles nuisent beaucoup moins aux betteraves bien cultivées que les insectes. — C'est que contre ces deux maladies, les bons assolements, les labours profonds et les engrais complets sont en général suffisants, sinon pour les éviter, au moins pour en atténuer les effets dans une très grande mesure.

# DEUXIÈME PARTIE

## LÉGISLATION, VALEUR ET VENTE DE LA BETTERAVE A SUCRE

---

### NOTIONS GÉNÉRALES.

1. — **Définitions**. — On appelle *législation des sucres* l'ensemble des lois qui ont pour objet de régler le mode d'assiette ou de base de perception de l'impôt.

La valeur et l'assiette de l'impôt ont beaucoup varié en France et à l'étranger. On sait que l'impôt est actuellement en France de 50 francs par 100 kilog. de sucre et qu'il se perçoit d'après la quantité de betteraves travaillées dans les usines ; que la betterave soit riche, qu'elle soit pauvre, l'impôt est *le même ;* si bien qu'en travaillant de la betterave riche ou d'une grande valeur on paiera relativement moins de droits.

On appelle *valeur* de la betterave, la somme d'argent que l'on *doit* donner, en échange de 100 ou de 1000 kil. de racine ; et cela en tenant compte de la quantité de matières utiles qu'elle renferme. Mais comme le sucre est la principale matière utile que le fabricant recherche dans la betterave, il s'ensuit que la valeur de cette racine est surtout proportionnelle à sa richesse en sucre.

Le *prix* d'un objet est la somme d'argent que l'on *donne* en échange de cet objet.

Trop souvent jusque-là, le prix de la betterave n'a pas été en rapport avec sa richesse en sucre, c'est-à-dire avec sa valeur réelle. Grâce à la nouvelle loi sur les sucres, que nous allons faire connaître, nous espérons mieux de l'avenir.

2. — **Importance.** — Il ne suffit pas que le cultivateur fasse de la bonne betterave, ni le fabricant, du sucre de bonne qualité; il faut encore que l'un soit un peu initié à l'industrie de l'autre ; que tous deux connaissent, dans une certaine mesure, les difficultés, et approximativement les prix de revient afin de pouvoir les discuter; c'est dans ces conditions que le cultivateur s'attachera à faire une betterave de plus en plus riche, et que le fabricant en donnera un prix qui sera bien mieux en rapport avec sa valeur réelle. Ici encore c'est l'ignorance qui divise, et la science ou l'instruction qui rapproche.

3. — **Historique.** — Il n'y a pas de sujet d'étude qui ait fait plus de progrès depuis vingt ans que les questions de prix, de vente et de détermination de la valeur de la betterave. Ce sont ces questions économiques que nous allons étudier dans cette seconde partie de l'ouvrage.

Autrefois, on savait à peine reconnaître les qualités de la betterave à certains caractères extérieurs ; on ignorait l'importance du poids ou de la densité du jus comme moyen pratique de reconnaître sa richesse en sucre.

Quant à certains instruments, comme le saccharimètre, dont les cultivateurs intelligents pourraient facilement, sinon comprendre la théorie, tout au moins, se servir avec avantage aujourd'hui, c'est à peine si les fabricants en connaissaient l'existence.

Mais l'étude de l'influence qu'exercent certains procédés de culture sur la richesse et ainsi sur la qualité de la betterave, ont multiplié les observations, et ont ainsi aidé à fixer les règles qui président aujourd'hui à la détermination de la valeur et du prix de la betterave.

La nouvelle loi sur les sucres, que nous allons sommairement étudier, va donner une nouvelle impulsion à ces études, car, à l'avenir, l'importance pratique n'en saurait échapper ni aux fabricants, ni aux cultivateurs. Mais avant d'aborder ce sujet, jetons un coup d'œil sur la législation des sucres.

# LIVRE PREMIER

## LÉGISLATION DES SUCRES

### Notions préliminaires.

1. — **Définition.** — L'impôt est une somme d'argent que les particuliers paient à l'État pour subvenir aux besoins généraux, par exemple, à l'entretien de l'Armée, des Écoles, des chemins et des ports de mer.

Rien n'est donc plus légitime que l'impôt. Le sucre, étant un aliment que tous les peuples consomment en général beaucoup, peut être frappé, non sans avantage pour l'État, de droits assez élevés ; mais, pour pousser au progrès, il importe, et nous allons le démontrer, que ce droit frappe non pas le produit fabriqué, c'est-à-dire le sucre, mais bien la matière première, c'est-à-dire la betterave.

2. — **Importance d'une bonne législation.** — On sait que la législation relative à une industrie peut exercer une assez grande influence sur les progrès de cette industrie, les favoriser ou les paralyser. Si, en effet, par exemple, l'impôt frappe la matière première comme la betterave, on s'efforcera d'améliorer peu à peu cette matière première ; or, cette matière étant plus riche, avec la même somme de travail, la même quantité de charbon, on en obtiendra plus de sucre, et le prix de revient du sucre s'en trouvera diminué ; c'est ce qui est arrivé dans les pays étrangers, en Allemagne surtout, où l'impôt, — nous allons le voir, — frappe depuis longtemps la betterave.

3. — **Divisions.** — Après avoir fait connaître sommairement le mode d'assiette de l'impôt dans les pays étrangers, nous ferons connaître les principales dispositions de la nouvelle loi

qui régit cette matière en France. Comparer c'est juger et c'est en comparant les deux législations que nous serons à même de mieux apprécier les avantages que présente chez nous la nouvelle loi sur les sucres.

---

# CHAPITRE PREMIER

## LÉGISLATION DES SUCRES A L'ETRANGER.

1° **En Allemagne.** — L'impôt sur les sucres y est de 22 fr. 50 par 100 kilog., et comme on suppose que la betterave ne rend que 88 k. 800 par tonne, le droit est de 20 fr. par tonne de betteraves lavées, décolletées ou non, riches ou pauvres. Mais, en Allemagne, les betteraves travaillées étant partout exceptionnellement riches, les fabriques les moins bien montées ne retirent pas moins de 9 kilog. 88J, soit 1 p. $^0/_0$ ou 10 pour 1000 en plus. En cas de vente à l'étranger, le fabricant recevra plus qu'il n'a payé, c'est-à-dire les droits pour les 88 kilog. 8 et en outre pour les 10 kilog en plus. Or, ces droits étant de 22 fr. 50 p. $^0/_0$ seront de 2 fr. 25 pour 10 kilog. Dans ce cas, il y aura un bénéfice de 2 fr. 25 par 100 kilog. de sucre exportés ou vendus à l'étranger. Mais si, au lieu de réaliser un boni de 10 kilog., le fabricant en réalise un de 20 ou du double, son bénéfice sera aussi double ; il sera donc de 4 fr. 50 ou de 2 fr. 25 $\times$ 2. On s'explique ainsi comment les Allemands, en vue de profiter des avantages d'une pareille législation, ont été amenés à ne produire, à n'acheter ou à ne vendre que de la betterave riche.

2° **En Belgique.** — C'est sur le jus que, dans ce pays, l'impôt est prélevé ; chaque fabricant est maître absolu de tirer du jus qui a acquitté l'impôt tout le sucre qu'il contient, par les meilleurs procédés.

La loi fait payer l'impôt à raison de 1500 grammes par hectolitre et par degré du densimètre, à la température de quinze degrés centigrades.

Cet impôt est de 45 francs par 100 kilog. de sucre.

3° **En Autriche-Hongrie.** — Dans l'Empire Austro-Hongrois, l'impôt est établi sur la quantité de betteraves rapées que peuvent contenir de grands appareils clos qu'on appelle diffuseurs ; et comme les fabricants mettent dans ces appareils plus de betteraves que la loi ne suppose : là encore une partie du sucre échappe aux droits.

Telle est l'influence de l'impôt sur la matière première, sur la betterave surtout, que l'Allemagne, qui ne produisait en 1872 que 250 millions de kilogrammes de sucre en a produit 925 millions en 1884 ; cette production sera de près de 1.200.000.000 en 1885. Chez nous, au contraire, la production est restée stationnaire depuis douze ans et encore beaucoup de fabriques se sont-elles ruinées.

En Allemagne, la betterave est devenue de plus en plus riche. Elle ne donnait que 6 p. $^0/_0$ de sucre ; elle en donne aujourd'hui près du double ou 11 p. $^0/_0$ ; et néanmoins le rendement par hectare, qui n'était que de 22,000 kilog., est aujourd'hui de plus de 32,000. C'est pour atteindre un pareil résultat que le Parlement, en France, a adopté une loi qui a été promulguée le 29 juillet 1884, et dont nous allons faire connaître les principales dispositions.

---

# CHAPITRE II

## LÉGISLATION FRANÇAISE.

(Loi du 29 juillet 1884.)

### 1. — Montant de l'impôt à payer pour le sucre d'un usage ordinaire.

*Article* 1. — L'impôt est de 50 fr. par 100 kilog. de sucre raffiné. — L'article 2 dispose que les droits sur les sucres bruts ou raffinés de toute origine, employés au sucrage des vins, cidres et poirés, avant la fermentation, sont réduits à 20 fr. les 100 kilog. de sucre raffiné.

Mais un règlement d'administration publique déterminera prochainement les mesures applicables à l'emploi de ces sucres.

On sait que le droit sur les sucres était, dans ces derniers temps de 40 francs, et s'il a été porté à 50, c'est afin de parer au déficit que pourrait occasionner le nouveau mode d'assiette de l'impôt sur la betterave avec abonnement.

**2. — Assiette de l'impôt et abonnement des fabriques.**

*Article* 3. — Tout fabricant de sucre indigène pourra contracter avec l'administration des contributions indirectes un abonnement en vertu duquel les quantités de sucre imposable seront prises en charge d'après le poids des betteraves mises en œuvre.

« Cette prise en charge sera définitive, quels que soient les manquants ou les excédents qui pourront se produire. »

« Elle aura lieu aux conditions ci-après :

| PROCÉDÉS DE FABRICATION. | RENDEMENT par 100 kilog. de betteraves. |
|---|---|
| Diffusion ou tout autre procédé analogue.................. | 6 kilog. sucre raffiné. |
| Presses continues ou hydrauliques .................... | 5 kilog. sucre raffiné. |

« Les sucres, sirops et mélasses, obtenus dans les fabriques abonnées en excédent du rendement légal, seront assimilés au sucre libéré d'impôt. »

« Un décret déterminera les obligations qui sont imposées aux fabricants abonnés pour la garantie des intérêts du Trésor. »

*Article* 4. — « A partir du 1er septembre 1887, les quantités de sucre imposable seront prises en charge dans toutes les fabriques d'après le poids des betteraves mises en œuvre, quel que soit le procédé d'extraction du jus. »

« Les rendements seront fixés comme suit par 100 kilogrammes de betteraves :

« Campagne, 1887-1888, 6 kilog. 250 de sucre raffiné.
1888-1889, 6 » 500 —
1889-1890, 6 » 750 —
1890-1891, 7 » » —

3. — **Déchet de fabrication.** (*Suite de l'article* 3). — Pendant les trois campagnes de fabrication 1884-1885, 1885-]886, et 1886-1887, il sera alloué aux fabricants non abonnés un ]échet de 8 p. $^0/_0$ sur le montant total de leur fabrication. »

4. — **Résumé et conclusion.** — Ainsi, désormais, en rance, comme en Allemagne, l'impôt frappe non plus directement sucre, mais la betterave. Il importe donc que nous ne fassions ]ésormais que de la betterave très riche en sucre; car ce n'est ı'avec de la betterave riche en sucre que le rendement indus-iel, ou en fabrique, dépassera au moins de 2 à 5 p. $^0/_0$ le ren-ement légal, qui n'est, — nous le savons, — que de 5 p. $^0/_0$ our les presses et de 6 pour la diffusion.

Et comme le droit ou l'impôt est plus élevé en France qu'en llemagne; qu'il est de 50 fr. par 100, au lieu de 22 fr. 50, les énéfices évalués par les excédents de rendement seront plus con-dérables; ils seront de plus du double.

Ne pas pousser à faire de la betterave riche, en l'achetant yalement son prix, c'est vouloir exploiter le cultivateur, ou se river des avantages de l'abonnement en se contentant de 8 p. $^0/_0$ e déchet de fabrication.

Or, à 50 centimes de droit par kilogramme, c'est se condamner ne faire qu'un bénéfice de 4 p. $^0/_0$ par 100 kilog. de sucre ıbriqué, alors que ce bénéfice pourrait être de plus du triple.

Et encore devons-nous ajouter que cette remise de droits pour échets, n'est établie que provisoirement.

Il faut donc que le cultivateur fasse de la bonne betterave, et faut que le fabricant la paie cher; il faut qu'il la paie ce qu'elle aut, c'est-à-dire d'après sa richesse.

C'est dans ce but que nous allons apprendre tout d'abord à en éterminer la richesse.

---

## RÉSUMÉ.

### LÉGISLATION DES SUCRES.

**Notions préliminaires.** — La consommation du sucre en ]urope, — si ce n'est en Angleterre, — est soumise à un impôt plus ou moins élevé; mais le mode d'assiette de l'impôt varie avec les pays.

1. — **Législation des sucres à l'étranger**. — En Belgique, l'impôt frappe le jus ; en Autriche, la capacité des vases ou diffuseurs d'où s'extrait le jus de la pulpe : et, en Allemagne, l'impôt frappe la betterave lors de son entrée dans la fabrique.

2. — **Législation française.** — Chez nous, autrefois, c'était le sucre qui était directement frappé par l'impôt : aujourd'hui, comme en Allemagne, c'est la betterave ; que celle-ci soit riche ou pauvre, le droit est le même ; il est de 30 fr. par tonne de betteraves si la fabrique travaille par diffusion, et de 25 seulement, si elle marche au moyen de presses hydrauliques ou continues.

---

## LECTURE.

### L'IMPOT SUR LA BETTERAVE.

Ce mode d'assiette de l'impôt oblige le cultivateur à ne faire que de la betterave riche.

Comme conséquence, il le met dans la nécessité de ne pratiquer qu'une culture rationnelle; il fait lire et écouter les vieux, étudier les jeunes; il développe chez tous l'esprit d'observation et le désir d'apprendre ; il crée des écoles et il les peuple : *l'impôt sur la betterave décrète l'instruction agricole obligatoire.*

P. GIESEKER,

A Anglemu-lès-Liége (Belgique).

# LIVRE II

## PROCÉDÉS DE DÉTERMINATION DE LA VALEUR DE LA BETTERAVE A SUCRE.

---

### NOTIONS PRÉLIMINAIRES.

1. — **Définition.** — Un procédé de détermination de la valeur d'un objet est un moyen à employer pour arriver à apprécier ce que vaut cet objet, c'est-à-dire ce qu'on peut en demander en cas de vente; mais comme la betterave à sucre, on le sait, a une valeur qui dépend essentiellement de la quantité de sucre qu'elle renferme, on comprend que tous les procédés employés pour fixer la valeur de la betterave doivent avoir essentiellement pour objet d'en déterminer la richesse en sucre. Toutefois, nous devons ajouter que d'une betterave qui renferme 10 p. $^0/_0$ de sucre, le fabricant n'en retirera guère que 6 ; car une partie du sucre reste dans les pulpes, et l'autre partie se mélange à certains sels, aux sels de potasse et de soude surtout pour constituer le produit connu sous le nom de mélasse. L'expérience a démontré depuis longtemps déjà que la présence d'un kilogramme de sels, de chlorure de sodium surtout, détermine la transformation d'environ 3 kilogrammes de sucre cristallisable en sucre incristallisable ; et comme ces sels et les matières azotées déprécient d'autant plus la valeur d'une betterave à sucre qu'ils sont plus abondants, il importera, dans certains cas, pour arriver à une détermination plus exacte de la valeur de la betterave, de connaître non-seulement la quantité de sucre qu'elle renferme, mais encore la quantité de matières étrangères que souvent on appelle le non-sucre.

2. — **Importance pour le cultivateur de l'étude des procédés de détermination de la valeur de la betterave.** — La vente d'un objet quelconque ne peut se bien faire qu'à la condition que l'acheteur et le vendeur sont à même d'en déterminer la valeur, c'est-à-dire d'en connaître assez bien le prix.

Si le cultivateur ignore, en effet, ce que vaut sa betterave, il s'exposera, dans certains cas, à la vendre au-dessous du cours et dans d'autres à se laisser exploiter par certains acheteurs peu délicats. Comment, de plus, ferait-il tous ses efforts pour la faire très bonne, s'il ignore quand elle est bonne. En d'autres termes, s'il ignore le but à atteindre, comment pourra-t-il jamais bien étudier les meilleurs moyens à employer? Dans d'autres cas, d'ailleurs, le cultivateur aura affaire à un honnête homme, à un homme qui lui en paiera loyalement le prix, et pourtant il le soupçonnera très injustement.

Dans ces conditions, il est impossible qu'il y ait de bons rapports entre le cultivateur et le fabricant.

Notre devoir pourtant, dans l'intérêt de l'un et de l'autre, est de tout faire pour qu'il en soit autrement.

Dans ce but, nous croyons qu'il faut :

1°. *Vulgariser la connaissance des procédés de détermination de la valeur de la betterave* à sucre ; tout faire pour les mettre à la portée des cultivateurs instruits, des instituteurs en retraite et d'anciens employés de la régie.

2°. Qu'il faut que les cultivateurs *arrivent à s'entendre* avec les fabricants afin de déléguer une personne intelligente et honnête qui sera chargée de constater :

1° le poids,

2° la tare,

3° la densité et au besoin la richesse saccharimétrique, car ces trois données, désormais, doivent servir de base à la vente et à l'achat de la betterave à sucre riche.

Dans ce but, il faudra étudier et prendre, dans l'intérêt des deux parties intéressées, certaines mesures que, de notre mieux, nous exposerons sommairement.

3. — **Historique et Divisions.** — Les progrès faits dans

cette partie de l'industrie sucrière doivent bien plus consister à l'avenir dans leur vulgarisation que dans leur perfectionnement.

Il est certain, en effet, que, depuis longtemps déjà, quelques-uns sont fort connus; car l'importance de la densité du jus de la betterave, et les meilleurs procédés à employer pour déterminer cette densité et celle de la betterave, ont été fort bien indiqués par M. Louis Vilmorin, dans une excellente publication qui porte la date de 1858.

Pourtant, le saccharimètre, considéré autrefois comme d'un emploi difficile, a été simplifié ; il a été mis à la portée des cultivateurs par le prix et par l'emploi. Certains caractères de la bonne betterave à sucre, aussi entrevus depuis une trentaine d'années, ont été mieux précisés dans ces derniers temps ; citons comme mieux connus aujourd'hui, les deux sillons saccharifères, les rides de la peau et la dureté des chairs.

Et tout d'abord, pour arriver à déterminer la valeur de la betterave, il importe d'apprendre à prélever convenablement un échantillon.

---

# CHAPITRE PREMIER

## DE LA PRISE DES ÉCHANTILLONS. CHOIX ET NOMBRE DES BETTERAVES A PRÉLEVER.

**1. — Du choix des betteraves d'échantillon en général.** — Pour représenter la richesse moyenne d'une livraison, il est utile que le nombre des betteraves prélevées soit au moins de dix à quinze par voitures et de vingt à quarante par hectare.

Il faut, de plus, que le poids des grosses betteraves choisies, des petites et des moyennes, soit en rapport avec le poids de la livraison.

Si donc le poids des grosses betteraves entre pour moitié dans une livraison à faire, le poids de ces grosses betteraves devra aussi *entrer* pour moitié dans le poids de l'échantillon à prélever.

Il ne saurait en être autrement, car la richesse des betteraves varie considérablement avec leur poids : c'est à ce point que les grosses betteraves sont en général de deux à trois pour % moins riches que les petites.

Il faut encore appliquer la règle des proportions lorsque la livraison est composée de différentes variétés, si grande qu'en soit la ressemblance.

Mais, ces règles étant formulées, nous allons essayer d'en présenter l'application aux prises d'échantillon dans les champs, et aux prises d'échantillon dans un silo, voiture ou tombereau.

**2. — Prise d'échantillon dans les champs.** — Les betteraves d'une même variété ont une richesse qui varie non-seulement avec leur grosseur, mais encore avec la fraîcheur du sol, avec la richesse et la profondeur des labours.

On sait, en effet, que, dans la partie humide d'un champ, la betterave ne mûrit pas, ou ne mûrit que d'une manière très imparfaite, alors qu'au contraire elle mûrit prématurément dans une partie sèche. Dans ce dernier cas, la betterave repousse souvent en août et en septembre, et perd ainsi considérablement de sa richesse.

Mais nous devons le reconnaître : il n'est pas facile de faire la part exacte de toutes les causes qui font varier la richesse des betteraves d'un champ d'une certaine étendue.

C'est pour sortir de ces difficultés assez grandes que le cultivateur et le fabricant s'en remettent assez souvent un peu au hasard ; en convenant d'avance, par exemple, qu'on prendra pour constituer l'échantillon toutes les betteraves qui occupent la trentième ou la centième place dans les lignes d'un rang à fixer par le sort ou autrement.

Un moyen plus original encore, mais qui repose toujours sur le hasard, consiste à jeter en l'air plusieurs fois un bâton dans les différentes parties d'un champ de betteraves, et à prendre, pour constituer l'échantillon, toutes les betteraves touchées par le milieu ou par l'une des deux extrémités marquées d'un signe.

On peut encore remplacer le bâton ordinaire par un bâton-flèche avec pointe en fer.

Le bâton étant jeté çà et là dans le champ, on prend chaque fois la betterave la plus rapprochée de la pointe.

Ces moyens, qui paraissent étranges à première vue, présentent pourtant l'avantage considérable de prévenir toute discussion sur le choix des betteraves.

D'ailleurs, si le hasard, aujourd'hui, favorise l'un, demain il pourra favoriser l'autre.

Les betteraves, une fois choisies, arrachées, décolletées et nettoyées, seront, d'un commun accord, partagées en deux lots entre les parties intéressées.

3. — **Prise d'échantillon sur voiture ou au silo.** — Dans ce cas, on a sous les yeux un assez grand nombre de betteraves, et il est facile, avec un peu d'attention, d'en prélever de quinze à vingt qui représenteront assez bien en poids et en richesse la qualité moyenne des betteraves à expertiser.

Pourtant, pour éviter toute discussion, il sera souvent plus simple de prélever sans choix un assez grand nombre de betteraves, une quarantaine par exemple, qu'on alignèra sur le sol en les plaçant les unes à côté des autres.

Puis les intéressés conviendront de prendre une betterave sur deux, sur cinq ou sur sept.

Ce moyen, qui serait médiocre dans une expertise judiciaire sera souvent pratiqué avec avantage entre les cultivateurs et les fabricants de sucre.

Assurément, une prise d'échantillon, si simple qu'elle paraisse, est toujours une opération délicate ; mais, avec un peu de bonne volonté et un grand esprit d'équité, on en sort facilement.

C'est aussi en s'inspirant de ces idées de conciliation et de justice qu'il faudra procéder à l'examen des échantillons pour en déterminer la valeur au moyen du densimètre, et, s'il en est besoin, du saccharimètre.

---

# CHAPITRE II

## LA DENSITÉ. LE DENSIMÈTRE ET SON EMPLOI.

### § I. — Le Densimètre.

**1. — Ce que c'est qu'un densimètre.** — Le densimètre est un instrument en verre qui consiste essentiellement dans un tube à double renflement, et qu'on plonge dans un liquide pour en déterminer le poids par rapport à celui d'un égal volume d'eau.

Vient-on, par exemple, à plonger un densimètre pour betteraves à sucre, dans un liquide sucré, et à constater que l'instrument plonge jusqu'à la division marquée 105, il faut en conclure qu'un litre d'eau pesant 1000 grammes, un litre de ce jus pèse 1050 grammes.

Or, on sait que le poids d'un liquide *augmente* très sensiblement avec la quantité de matières solides, de sucre, par exemple, que ce liquide tient en dissolution : de là l'utilité du densimètre pour déterminer au moins très approximativement la richesse en sucre d'un jus de betterave ; et, ainsi, dans une certaine mesure, la valeur de cette betterave.

Pour mieux comprendre comment un densimètre peut servir à peser les liquides, il faut se rappeler qu'un corps plongé dans un liquide s'allège du poids du liquide déplacé.

Si donc un liquide comme l'acide sulfurique est très lourd, les corps solides, légers, comme les tubes en verre fermés, ou sorte de densimètres, s'y enfonceront fort peu. C'est le contraire qui arrivera dans un liquide léger comme l'alcool ou l'huile.

L'équilibre et souvent le mode de graduation des densimètres, varient beaucoup avec la nature et le poids des liquides à étudier. Nous ne parlerons ici que de l'équilibre et de la graduation du densimètre pour jus de betterave.

**2. — Équilibre et graduation des densimètres pour jus de betteraves à sucre.** — Le tube destiné à faire un ınsimètre, étant pourvu intérieurement de deux renflements, est ut d'abord lesté au moyen de mercure ou de grains de plomb, ı'on laisse placé dans le renflement inférieur.

Mis dans l'eau à la température de 15 degrés, l'instrument doit re assez lourd pour s'y enfoncer jusqu'à un point voisin de la ırtie supérieure du tube.

Là, on marque zéro. Puis on plonge de nouveau le densimètre ıns un liquide plus lourd ; par exemple d'un poids par litre, à ; degrés centigrades, de 1070.

L'instrument, dans ce liquide plus lourd, s'enfonce moins : au ›int ou le tube coïncide avec la surface du liquide, on marque ›70.

La partie de la longueur du tube comprise entre 0 et 7 ou 70 t divisée en sept parties égales, si le tube est d'un calibre ré-ılier.

Ces parties se nomment degrés. On peut subdiviser les degrés ı dix parties et on a des dixièmes de degrés.

3. — **Vérification ou contrôle des densimètres.** — a densimètre peut n'être pas exact. Pour s'en assurer, il faut le mparer à un bon densimètre, à un densimètre étalon.

On peut aussi l'adresser à un directeur de Station agrono-ique, qui pourra en faire la vérification plus complète encore, ı moyen de liquides pesés avec des moyens de précision.

## § II. — Emploi du Densimètre.

1. — **Râpage des betteraves et pression de la pulpe.** C'est au moyen d'une simple râpe de cuisine, et au besoin, dans ; fermes, d'une vieille étrille, qu'on transforme les betteraves : pulpe.

L'emploi d'une sorte de vrille ou du foret champenois est plus mmode pour faire la densité du jus d'un grand nombre de bette-ves ; aussi est-il très employé dans les sucreries.

Mais, par ce procédé, on obtient non de la pulpe, mais de véri-bles cossettes; et, si énergique que soit la presse, elle ne don-ra qu'une partie relativement faible du jus.

Le saccharimètre lui-même n'accusera pas la véritable richesse de la betterave; car le jus le plus dense, et souvent le plus riche, demeurera dans les cossettes. L'écart peut être *de plus* de 5 dixièmes, ou de 1 pour $^0/_0$ de la richesse.

On a surtout des densités fausses en pressant peu, et plus encore, en perçant la betterave au-dessous ou au-dessus du centre de gravité de la betterave ; c'est-à-dire en dehors du plan qui sépare le premier tiers de la betterave du tiers supérieur ou second tiers, c'est-à-dire du tiers moyen.

Si on perce trop haut, près du collet, la densité sera trop faible. C'est le contraire qui se produirait en perçant trop bas, dans le milieu, par exemple.

Lorsqu'on emploie la râpe, et que les betteraves des échantillons sont nombreuses, on divise les betteraves en deux, en trois ou en quatre parties égales, et on se contente de râper l'une des parties.

Dans ce cas, il faut toujours couper les betteraves dans le sens de la longueur.

C'est en général au moyen d'une presse à main, d'un valet d'établi de menuisier, ou en tordant un vieux linge replié sur lui-même qu'on exprime le jus de la pulpe.

La râpe rationnelle et la presse à bascule de Lhomond, d'Albert, sont excellentes: nous en conseillons l'emploi dans les sucreries.

2. — **Immersion de l'instrument et lecture.**—Avant de plonger le densimètre dans l'éprouvette remplie de jus, il faut attendre de quatre à cinq minutes.

Bien qu'on n'ait, en effet, pour remplir l'éprouvette, versé le jus que peu à peu, néanmoins une certaine quantité d'air s'est trouvée emprisonnée; cet air, plus léger que le jus, en diminuerait la densité de deux à trois dixièmes.

En remontant à la surface du liquide, l'air produit de la mousse qu'il faut chasser, en la soufflant; car elle gênerait la lecture.

Le densimètre, mis enfin dans le jus, s'y enfonce plus ou moins; puis s'y balance pour s'arrêter à un point qui porte, par exemple, la notation 106.

Le jus a donc une densité de 1060, ou de six degrés.

Si le point d'affleurement du liquide avec l'échelle du densimètre ne coïncide pas avec la ligne 106; mais que cette gne de 106 s'élève de deux dixièmes au-dessus de l'affleurement, dans ce cas, la densité sera de 1060 + 2 ou 1062.

Un peu d'habitude, et on fait la lecture couramment.

3. — **Corrections à faire.** — Les densités doivent être prises à la température de 15° centigrades. C'est la température prise pour base de la densité.

Si la température est plus haute de cinq degrés, qu'elle soit de 20° par exemple, alors il faut *augmenter* la densité d'un dixième.

Si, au contraire, le thermomètre plongé dans le liquide ne marque que 10° centigrades, dans ce cas, on *diminue* la densité de un dixième. Était-elle par exemple de 5,8, qu'elle n'est en réalité que de 5°7 à 15° centigrade.

Mais, la densité d'un jus étant connue, quelle en est la richesse en sucre.

4. — **Rapports entre la densité et la richesse du jus.** — Ces rapports varient quelque peu avec les années, le terrain et l'état de maturité de la betterave. Ils augmentent très sensiblement avec la densité : c'est ainsi qu'en multipliant par 2 le chiffre de la densité : lorsqu'on a 1050, soit $5 \times 2 = 10$, on obtient assez exactement la quantité de sucre que contient un jus de 1050 de densité ; mais ce coefficient 2 serait trop faible pour les densités de 1070 ; il devrait être de 2,2 environ. Voici d'ailleurs des tables que nous devons à M. Vivien et à M. Pellet.

## RAPPORT

### ENTRE LA DENSITÉ ET LA RICHESSE D'UN JUS DE BETTERAVE ET D'UNE DISSOLUTION DE SUCRE PUR.

| DENSITÉ du jus à 15° | Richesse du jus d'après | | | RICHESSE d'une DISSOLUTION de sucre par M. VIVIEN |
|---|---|---|---|---|
| | M. PELLET | M. DURIN | des expériences exceptionnelles. | |
| 5°,» | 9,7 | 10,15 | 8,36 | 13,06 |
| 5 5 | 11,2 | 11,33 | » | 14,37 |
| 6 » | 12,5 | 12,60 | 7,4. Betterave altérée. | 15,68 |
| 6 5 | 13,8 | 13,97 | » | 16,98 |
| 7 » | 15,» | 15,21 | 16,60 | 18,30 |

5. — **Rapport entre la densité du jus et la riche[sse] du poids de la betterave.** — La richesse du jus étant c[on]nue, pour avoir celui de la betterave, il suffit de diviser la [ri]chesse du jus par sa densité, et d'en prendre les 95 centiè[mes] (0,95). Cette règle est déduite du raisonnement suivant :

1° *Un litre de jus d'une densité* de 1070, c'est-à-dire d'un po[ids] de 107 grammes par décilitre, d'après certaines tables, ou mie[ux] d'après le saccharimètre, dont nous apprendrons à nous serv[ir], contient une quantité de 16 °/₀ ou 16 gr. de sucre.

Un seul en contiendrait 107 fois moins, ou 160, divisé par 1[07], ci ............................................ $\frac{16}{107}$

Et 100 grammes de jus, 10 fois plus ou

$\frac{16}{107} \times 100 =$ $\frac{1600}{107} = 14.9$

Telle est la richesse du poids du jus : elle est de 14,96 °[/₀] alors que la richesse du volume est de 16 °/₀.

2° *Pour obtenir la richesse du poids de la betterave*, on se co[n]tente de prendre les 95/100ᵉ de la richesse du poids du jus.

Dans le cas d'une betterave à 7° de densité, et d'une riches[se] en poids de jus de 14.96, la richesse du poids de la betterave se[ra] de $14.96 \times 0,95 = 14.21$ °/₀.

C'est en appliquant ces formules que le tableau suivant a ét[é] dressé ; nous en devons une partie à l'obligeance de M. Vivien d[e] Saint-Quentin.

## TABLEAU

### DU RAPPORT ENTRE LA DENSITÉ D'UN JUS ET LA RICHESS[E] DU POIDS DE LA BETTERAVE.

| DENSITÉ à 15° c. | Richesse par 100 grammes du poids de la betterave d'après | | |
|---|---|---|---|
| | M. VIVIEN | M. PAGNOUL | DIVERS |
| 5°, » | 9,22 | 9,5 | |
| 5 5 | 10,32 | 11,0 | |
| 6 » | 11,45 | 12,2 | |
| 6 5 | 12,60 | 13,5 | |
| 7 » | 13,80 | 15,0 | 14,01. Betterave allemande.<br>14,47. — — |

Remarque. — En consultant ce tableau, on constate des écarts ez considérables ; l'expérience nous a démontré que les chiffres M. Vivien se rapprochent beaucoup de ceux qu'on obtient en ıéral avec le saccharimètre que nous allons étudier.

---

# CHAPITRE III

## SACCHARIMÉTRIE

### Notions Préliminaires.

1. — **Définitions.** — On appelle saccharimètres des in-:uments qui reposent sur certaines propriétés de la lumière, et . moyen desquels on arrive à déterminer la richesse en sucre un jus ou d'un liquide.

Il y a deux sortes de saccharimètres :

Les saccharimètres de précision, comme celui de Laurent,

Et le saccharimètre de *Trannin* ou des râperies.

Sans entrer dans aucun détail ayant rapport aux données iéntifiques sur lesquelles reposent ces instruments, disons que us reposent sur l'annulation de la déviation de certains rayons mineux.

Plus le sucre est abondant dans un liquide, plus facilement le quide annule la déviation des rayons lumineux.

2. — **Importance.** — Cet instrument est précieux, parce a'il donne la richesse en sucre du jus de betterave sans se laisser ıfluencer, comme le densimètre, par les sels en dissolution dans ı liqueur sucrée. Il est d'ailleurs d'un usage assez facile : de ıême qu'on se sert d'une montre sans en bien connaître le mé-anisme, on peut se servir d'un saccharimètre sans connaître xactement les principes sur lesquels il repose. Il est moins sen-ible, mais il se dérange moins facilement que les sacchari-ıètres de précision.

3. — **Division.** — Après avoir parlé du saccharimètre 'rannin, nous parlerons du saccharimètre de Laurent.

## § I. — Le saccharimètre Trannin.

1. — **Description du saccharimètre des râperies.** — L'appareil se compose essentiellement d'une colonne verticale fixée sur un trépied, laquelle supporte par des potences P. L. H. les diverses pièces optiques.

La potence L fait partie intégrante d'un curseur pouvant se déplacer le long de la colonne verticale au moyen d'une vis à crémaillère.

Cette potence sert à soutenir un tube mobile dans la partie étroite duquel on met le jus de betterave.

Dans ce tube en plonge un autre plus petit A, soutenu par la potence supérieure et fermé à la partie inférieure par une lentille.

La potence inférieure est fixe ; le miroir peut être incliné dans diverses directions.

*Réglage de l'instrument.* — Pour régler l'instrument, on place à 20 ou 30 centimètres du miroir une petite lampe, et on incline le miroir de manière à amener dans le tube les rayons lumineux.

Si on regarde l'œilleton O, on aperçoit deux franges noires A et B, l'une à droite, l'autre à gauche, et coupées en deux parties égales. On applique sur la potence L une lame de quartz de réglage et on tourne la vis *b* jusqu'après avoir amené les franges A et B dans le prolongement l'une de l'autre : l'instrument est alors réglé.

2. — **Préparation du jus de betterave.** — Avant de nous servir de l'instrument, il faut apprendre à préparer, c'est-à-dire à clarifier le jus de betterave.

Nous distinguons ici plusieurs opérations distinctes.

1° *Choix des betteraves.* — Le choix des betteraves est indiqué à propos des densimètres.

2° *Râpage.* — Après avoir lavé les betteraves et avoir coupé le collet à partir de la naissance des premières feuilles, on coupe les racines en deux ou en quatre, selon la grosseur et suivant l'axe.

Pour obtenir un jus de richesse moyenne, on râpe un seul

morceau de chaque betterave avec une râpe à main. Pour rendre l'opération le moins fatigante possible, on place deux chaises en

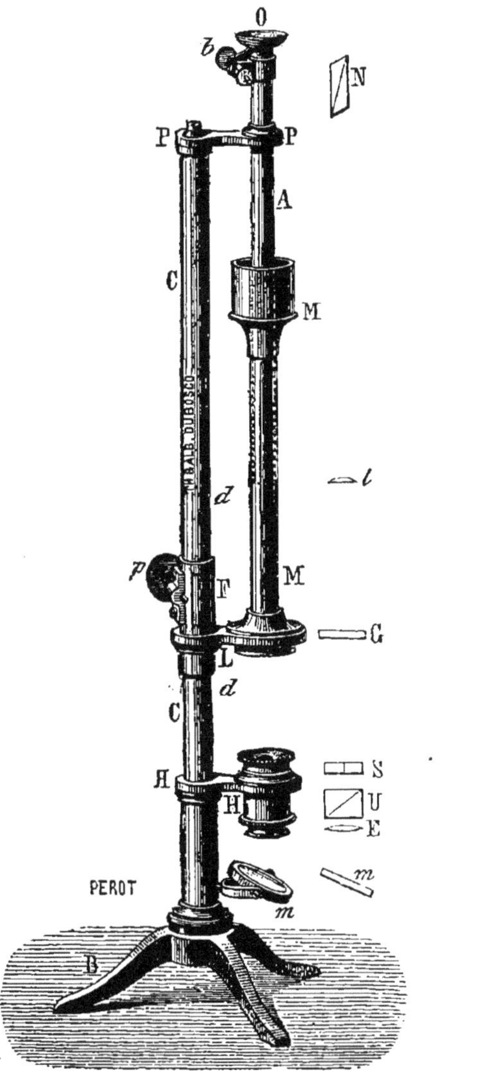


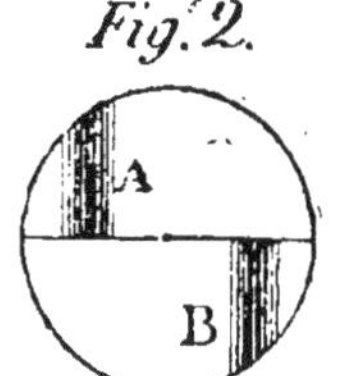


Image du disque avant l'interposition du jus.

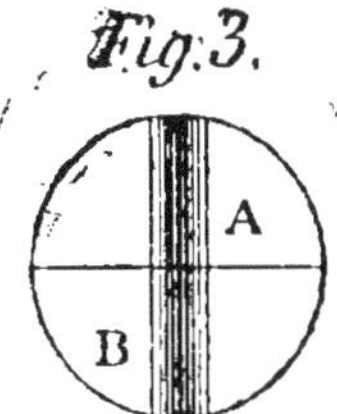


Point critique du saccharimètre Trannin : lorsque cette teinte est obtenue, on doit lire la richesse du jus en F.

Image de réglage du saccharimètre Laurent.

Fig. 12. — Saccharimètre Trannin.

face l'une de l'autre ; on s'assied sur l'une et on pose sur l'autre un plat sur le fond duquel on appuie l'extrémité de la râpe.

On frotte les morceaux de betterave perpendiculairement à l'axe en ayant soin de râper aussi la portion de racine qui fait partie du morceau choisi.

3° *Pressurage.* — La presse, tout à fait rudimentaire d'ailleurs et assez imparfaite, consistera au besoin en un essuie-mains dans lequel on mettra le produit du râpage, et on en extraira le jus en tordant le linge et en pressant avec les mains.

4° *Décoloration du jus.* — Le jus de betterave, exposé à l'air, prend immédiatement une teinte brune très foncée et contient en outre des matières albumineuses. Pour le débarrasser de ces dernières, on lui ajoute, pour chaque verre de jus, une pincée de sous-acétate de plomb solide, et on mélange bien le tout en battant le liquide pendant quelques instants. On filtre ensuite plusieurs fois si c'est nécessaire, pour obtenir un jus parfaitement clair.

**Emploi du jus et lecture.** 1° *On introduit le jus dans le tube.* — Le saccharimètre étant réglé comme on l'a vu précédemment, on remplace la lame de quartz de réglage par le tube mobile dont on remplit une partie avec du jus parfaitement limpide.

2° *Faits observés.* — En regardant par l'œilleton O, on n'aperçoit plus la frange, le liquide paraît trouble ; on tourne la vis *p* et on arrive à apercevoir la frange obtenue précédemment par la lame de quartz de réglage.

Le sucre produit donc le même effet que le quartz.

3° *Lecture sur le saccharimètre.* — Sur la colonne verticale CC se trouve une échelle graduée en degrés et quarts de degrés, dont le point de départ est 6, et le point extrême, 16.

Lorsque la frange AB est parfaitement droite, un trait horizontal tracé sur le biseau de la fenêtre F indique sur l'échelle la richesse saccharine en degrés et 1/4 de degrés.

Remarque I. — Le saccharimètre ne peut être employé que pour les jus qui ont au moins 6 p. °/₀ de sucre ; mais il peut donner la richesse en sucre d'un jus qui a plus de 16 p. °/₀. Voici alors comment on procède :

On mélange parties égales de jus et d'eau distillée ; si la lecture au saccharimètre donne pour richesse de la liqueur 8 1/2 par exemple, le jus contient : $8\ 1/2 \times 2$ ou 17 p. $^0/_0$ de sucre. En effet, si on a pris par exemple 15$^{cc}$ de jus et 15$^{cc}$ d'eau distillée, 8 1/2 représentent la richesse en sucre des 30$^{cc}$ de mélange ; or, ce sucre provient de 30/2 ou 15$^{cc}$ ; donc la richesse de ces 15$^{cc}$ est double de celle de 30$^{cc}$ ou $8\ 1/2 \times 2 = 17$.

Ce chiffre peut d'ailleurs se déduire par le calcul. Soit $x\ ^0/_0$ la richesse de 15$^{cc}$ et 8 1/2 la richesse de 15$^{cc}$ $\times$ 2, ou 30$^{cc}$ ; on a $x \times 15 \times 2 = 8{,}5 \times 15$, d'où $x = 8{,}5 \times 2 = 17$.

Remarque II. — Les divisions devenant de plus en plus rapprochées lorsqu'on arrive vers 16$^0$, il est bon, dans la pratique, pour arriver à des résultats assez exacts, d'employer la méthode précédente pour les jus qui ont plus de 12 p. $^0/_0$ de sucre.

Lorsque la lecture sur le saccharimètre donnera plus de 12, on prendra parties égales de la liqueur sucrée et d'eau distillée, et on opérera comme plus haut, c'est-à-dire, on doublera toujours le chiffre obtenu.

## § II. — Le Saccharimètre Laurent ou de précision.

**1. — En quoi il diffère du saccharimètre Trannin.** — Inventé par Soleil au commencement de ce siècle et considérablement amélioré depuis par M. Laurent, neveu et successeur de l'inventeur, ce saccharimètre diffère essentiellement de celui de M. Trannin, en ce qu'il est d'un emploi plus délicat ; mais aussi en ce qu'il est plus sensible et par suite plus précis, plus exact. Il est aujourd'hui adopté dans tous les laboratoires de l'État.

Les principes sur lesquels reposent les deux appareils sont d'ailleurs absolument les mêmes. Pourtant, le saccharimètre Trannin fonctionne avec la lumière *blanche*, tandis que le saccharimètre Laurent exige une lumière *jaune intense*. Il est d'ailleurs assez facile d'obtenir cette lumière en plaçant au bord d'une flamme incolore et très chaude, une nacelle en fil de platine, contenant du chlorure de sodium, c'est-à-dire du sel marin, fondu et pur.

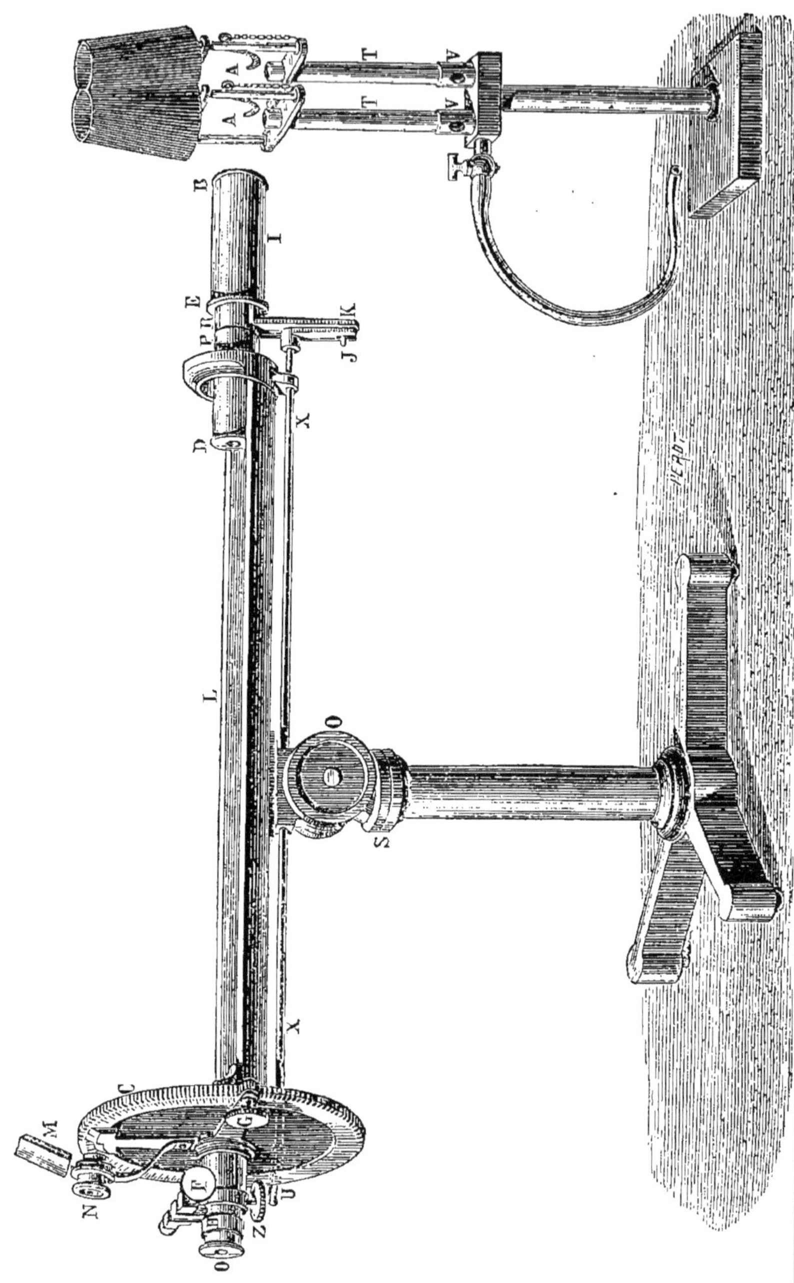

Fig. 13. Saccharimètre Laurent.

**2. — Préparation du jus et [emploi du saccharimètre.** — Le saccharimètre Laurent, par cela même qu'il est plus sensible, exige l'emploi de jus absolument limpide.

Pour y arriver, il suffit, en général, d'ajouter au jus de betterave 10 p. °/₀ en volume d'une dissolution concentrée de *sous-acétate de plomb.* Dès qu'il s'est formé un abondant précipité, on jette le jus sur un filtre.

Pendant que le jus filtrera, l'opérateur *réglera* le saccharimètre.

Pour cela, la lumière jaune étant obtenue au moyen d'un éolipyle ou d'un bec à gaz Bunsen et d'un peu de chlorure de sodium, on commencera par diriger la lentille B sur la partie la plus jaune de la flamme, de manière à avoir, dans l'instrument, la plus grande somme de lumière possible. On y arrivera facilement, par tâtonnements, au moyen de la vis F, que l'on fera tourner convenablement, après avoir, au préalable, placé le zéro du vernier sur la division 7 de la graduation.

La longueur de la lunette O pourra être modifiée, selon la vue de l'opérateur.

On doit avoir, lorsque l'appareil est bien réglé, l'image bien nette d'un cercle partagé en deux parties égales, dont l'une est noire et l'autre blanc-jaunâtre.

Ce résultat étant obtenu, on emplira complétement de jus le tube, qui sera alors placé dans la rainure L.

Avec la main droite, on fera tourner lentement le bouton G, jusqu'à ce que l'on arrive à n'avoir plus, au lieu des deux demi-cercles noirs et blancs, qu'un seul cercle grisâtre : on sera alors arrivé à ce que l'on a appelé le *point critique.* Il suffit, en effet, si l'appareil a été bien réglé, de donner une légère impulsion au bouton G pour voir immédiatement la teinte grise disparaître et faire de nouveau place aux demi-cercles blancs et noirs. On tourne, de nouveau, dans l'autre sens, afin de retrouver la teinte grise uniforme.

Ce résultat étant obtenu, on fait alors la lecture du vernier, d'après des principes connus. Mais au chiffre trouvé, on ajoutera un dixième, pour compenser la diminution de richesse produite par l'addition faite au jus de 10 p. °/₀ de la dissolution aqueuse de sous-acétate de plomb.

Le chiffre définitivement obtenu sera multiplié par 16,20 et donnera ainsi la richesse saccharine du jus.

Remarque. — Malgré la grande sensibilité de l'appareil, il est bon de faire, en détournant chaque fois le bouton G, deux ou trois lectures consécutives et de calculer sur la moyenne arithmétique des chiffres obtenus.

Ces chiffres ne doivent d'ailleurs différer que fort peu entre eux, surtout lorsque l'on a une certaine pratique de l'appareil.

3. — **Contre-temps ou difficultés à surmonter.** — Presque toujours, avec des betteraves fraîches ou non altérées, le jus, après avoir été traité au sous-acétate de plomb, filtre immédiatement clair, très limpide.

Toutefois, s'il en était autrement, il faudrait essayer de l'addition d'une seule goutte d'acide acétique cristallisable : assez souvent alors, le jus filtré de nouveau, devient clair. Quant au noir animal, dont l'effet est plus certain encore, surtout après un contact d'une dizaine de minutes avec le jus, il ne faudra pas l'employer sans une certaine réserve ; car, en retenant le sucre dans des proportions variables, il fausse assez souvent légèrement les résultats de l'analyse.

Si, malgré tout, le jus restait assez jaune pour qu'on éprouvât encore quelque difficulté à trouver exactement la position du *point critique*, on pourrait envoyer plus de lumière dans le saccharimètre en attirant sur la flamme la partie BL, soit à la main, soit au moyen du levier XK, qui existe dans le grand modèle.

4. — **Exemple d'une lecture.** — On lit 80 degrés. Augmenté d'un 10$^{e}$, ce nombre devient 88.

Multiplié par 16,20, on obtient 14,256. Ce nombre indique que le jus contient 14,256 de sucre par 100$^{cc}$, c'est-à-dire par décilitre. Pour en avoir la richesse du poids, il suffirait de diviser cette richesse du volume par la densité.

—

# RÉSUMÉ.

## DÉTERMINATION DE LA VALEUR DE LA BETTERAVE.

**Notions préliminaires.** — Après avoir appris à faire de la bonne betterave, il faut que le cultivateur apprenne à en déterminer la valeur par une *prise convenable* d'échantillon, par l'*emploi* du densimètre et du saccharimètre.

1. — **Betteraves pour échantillon.** — En les prélevant, il faut s'attacher à les obtenir d'une richesse et d'une grosseur moyennes. A cet effet, il ne faut pas prendre moins d'une quarantaine de betteraves par hectare, et d'une quinzaine par voiture ou silo.

2. — **Le densimètre.** — C'est un tube en verre, fermé, renflé et lesté au moyen de grains de plomb. Il plonge d'autant moins dans un liquide sucré ou salé, que ce liquide contient plus de sucre ou plus de sel et que, pour cette raison, il est plus lourd. Le jus d'une bonne betterave ne marque pas moins, au densimètre, de 6,5 à 7°; c'est-à-dire que le poids en est de 1,065 à 1,070 grammes du litre. Une pareille betterave a de 12 à 14 % de sucre de son poids et ne vaut pas aujourd'hui moins de 24 à 30 francs des 1,000 kilogrammes.

3. — **Le saccharimètre.** — Cet instrument repose sur certaines propriétés de la lumière. Il est d'un emploi plus délicat que le densimètre; mais il donne des renseignements sensiblement plus exacts. Pour s'en servir, il faut tout d'abord décolorer avec soin le jus, au moyen du sous-acétate de plomb, et d'un filtrage réitéré.

Les sels qui se trouvent dans les jus de betterave en déprécient sensiblement la valeur, et pourtant la densité d'un liquide croît non-seulement avec le sucre qu'il contient, mais encore avec la quantité de sel.

Or les sels sont très abondants dans les jus de betteraves de qualité médiocre. C'est donc surtout dans la détermination de la valeur de ces betteraves que l'emploi du saccharimètre, qui lui ne subit pas l'influence des sels, est souvent très utile.

---

# LECTURE.

## PRISE DE LA DENSITÉ DU JUS DE BETTERAVE.

Pour prendre exactement la densité d'un jus de betterave, plusieurs précautions importantes sont nécessaires : aussi n'est-il pas rare de voir se produire des divergences assez grandes entre les résultats obtenus par deux opérateurs agissant sur les mêmes lots de racines.

La première chose à faire, est de bien nettoyer et de décolleter convenablement les betteraves, c'est-à-dire, de les couper à plat à la hauteur des premières feuilles; puis ensuite, si le lot à analyser n'est pas considérable, on râpe entièrement les racines; dans le cas contraire, on en râpe seulement la moitié ou le quart coupés exactement dans le sens de la longueur. La pulpe obtenue est pressée dans un bon linge que l'on tord *fortement;* et le jus obtenu est versé dans un vase assez haut et assez large pour que l'aréomètre y puisse flotter aisément.

Autant que possible, on remplit complétement l'éprouvette de façon à ce que le liquide déborde. On attend alors cinq à six minutes; c'est là un point important, pour que l'air ait le temps de remonter à la surface.

Puis on chasse la mousse en soufflant à la surface du liquide. On plonge alors le densimètre jusqu'à 105, par exemple ; puis on le laisse flotter. On attend un peu, et on fait une première lecture. Quelques instants après, on en fait une seconde après avoir secoué légèrement l'éprouvette. Si les deux lectures sont concordantes , le chiffre obtenu peut être considéré comme bon. Mais s'il se reformait de la mousse pendant l'opération, il ne faudrait pas hésiter à enlever le densimètre et à chasser de nouveau les bulles d'air, en les enlevant avec un bout de papier, par exemple.

Il est naturellement indispensable de ne se servir que de bons densimètres. Aussi nous recommandons de ne prendre que ceux vendus par de bons constructeurs.

Après avoir noté la densité ainsi trouvée, il faut lui faire subir la *correction de température*. Les densités devront toutes être ramenées à la température de 15°.

La correction la plus exacte et la plus généralement employée pour les températures, comprises entre 0° et + 30°, est celle de 1/10 de degré densimétrique pour 5 degrés thermométriques, dixième qu'on ajoute ou qu'on retranche suivant que la température du jus est au-dessus ou au-dessous de 15°.

D'ailleurs, à l'égard de cette correction, ce qu'il y aurait de mieux à faire, serait de ramener le jus à 15° en plongeant l'éprouvette dans un bain d'eau chaude ou d'eau froide; de cette façon, il n'y aurait aucune correction à faire.

En Allemagne, il a été trouvé des différences entre la densité d'un jus de cossettes obtenu au moyen de forets, et la densité d'un jus obtenu au moyen de râpes à dents très fines : il doit en être ainsi en général. Mais, de plus, il a été dit souvent que les densités des jus obtenus à la râpe rotative étaient différentes de celle du jus provenant de betteraves râpées et pressées à la main. Le fait était assez important: j'ai voulu le vérifier. En opérant à la main et de la façon que je viens d'indiquer; en évitant surtout la présence de l'air dans le jus, — ce qui nécessite quelquefois dix minutes d'attente, — j'ai reconnu qu'il n'y avait pas de différence avec le jus provenant de râpes rotatives : on obtenait toujours des résultats concordants.

A. NANTIER.
Directeur de la Station agronomique de la Somme.

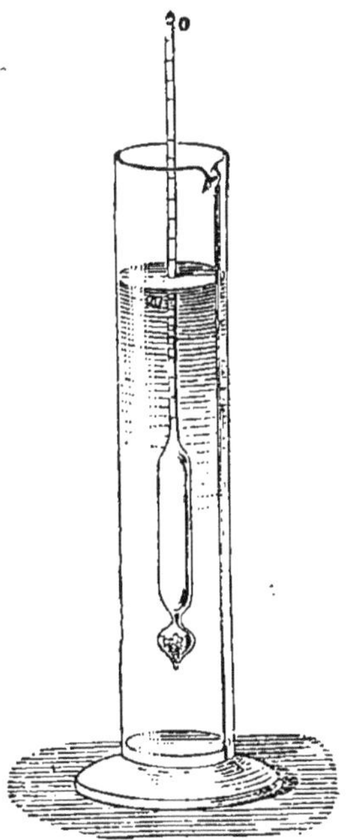

Fig. 14. Densimètre.

# LIVRE III

## LA VENTE DE LA BETTERAVE.

### Notions préliminaires.

I. — **Définition.** — Vendre un objet, c'est prendre l'engagement de le livrer à une autre personne, dans des *conditions loyales et marchandes,* moyennant une somme d'argent convenue.

L'action de vendre un objet ou une marchandise s'appelle vente.

On dit qu'un objet est livré dans des conditions loyales et marchandes lorsqu'il est de bonne qualité ordinaire courante.

Avant la nouvelle loi sur les sucres, on considérait une betterave à sucre comme loyale et marchande lorsque le jus avait de 4,9 à 5,5 de densité.

Toute betterave, qui aurait été cultivée dans des conditions normales et en année ordinaire, qui aurait eu moins de densité, pouvait être refusée par le fabricant ou être l'objet d'une réfaction c'est-à-dire d'une diminution de prix.

On dit que la vente se fait par *marché* lorsque le cultivateur prend l'engagement de faire de la betterave dans des conditions déterminées et à un prix fixé d'avance. Ces marchés se font pour une année ou pour une période de temps plus ou moins longue.

En général, ces traités ou marchés sont faits, sous *seings-privés,* c'est-à-dire qu'ils sont écrits sur papier timbré, faits en double et signés des deux parties.

Les conditions en sont variées: mal étudiées, elles peuvent compromettre les intérêts du fabricant et du cultivateur, alors qu'elles doivent avoir pour objet de les sauvegarder équitablement.

2. — **Importance de l'étude des conditions de vente.** — Bien cultiver la betterave, la produire très bonne et relativement abondante, témoigne de l'habileté d'un bon cultivateur ; mais ce premier résultat ne suffit pas, il faut encore que le producteur de betteraves apprenne *à vendre* son produit ce qu'il vaut : rien de plus, rien de moins ; c'est à cette condition qu'il pourra réaliser les bénéfices qu'il aura préparés par une bonne culture, sans jamais soupçonner, dans certains cas, un fabricant profondément honnête, ni, dans d'autres, être dupe de fabricants, et plus souvent d'agents peu délicats. Que le cultivateur et le fabricant d'ailleurs se pénètrent bien de cette idée, que, quoiqu'on dise de notre siècle, la plus grande habileté consiste toujours dans la plus grande honnêteté.

3. — **Historique et divisions.** — Pendant longtemps, les frais de culture de la betterave et les frais occasionnés par sa fabrication ont été mal connus ; les moyens employés pour fixer le prix de la betterave, mal déterminés.

Dans ces conditions, les ventes et les achats de betteraves se sont faits au petit bonheur, au poids brut seulement.

Mais, avec les progrès de la culture et de l'industrie sucrière, il devait en être autrement. Déjà, avant la nouvelle loi sur les sucres, certains fabricants avaient fait de sérieux efforts pour propager la méthode de vente de la betterave à la densité, c'est-à-dire d'après sa richesse en sucre. Leur but était d'avoir de la bonne betterave, et leurs moyens, de la payer cher c'est-à-dire ce qu'elle valait ; déjà alors, 22 à 26 fr. au lieu de 20 francs.

Ces fabricants étaient dans la bonne voie, puis qu'une bonne betterave peut donner 10 p. $^0/_0$ de sucre comme en Allemagne, alors que celle que nous produisons actuellement en France ne donne guère que 5.

Avec de la betterave pauvre, il fallait en travailler 2,000 kilog. pour avoir un sac ou 100 kilog. de sucre, alors qu'avec de la betterave riche, il n'en fallait que 1,000 kilog. ou la moitié, et comme les dépenses à faire pour travailler 1,000 kilog. de betteraves, qu'elles soient riches ou pauvres, sont à peu près les mêmes, qu'il n'y a guère qu'un supplément de dépenses de 2 fr ; lorsqu'on travaille de la betterave qui donne deux fois plus de sucre, on comprend que le prix de revient du kilogramme de sucre se trouve ainsi considérablement diminué lorsque le fabricant aura de la matière première d'une grande richesse. Aussi d'excellents fabricants n'avaient-ils pas reculé, pour atteindre leur but, devant la concurrence peu délicate souvent et toujours peu éclairée d'un trop grand nombre de fabricants voisins.

Aujourd'hui, que la loi ne frappe pas d'un impôt plus élevés la bonne betterave que la riche, on ne saurait trop faire pour pousser le cultivateur dans la production de la bonne betterave.

A cet effet, il faudra évidemment la payer plus cher, en donner un prix qui sera en rapport avec sa valeur, qu'il importe que le cultivateur aussi bien que le fabricant apprenne à déterminer exactement : c'est ce que nous avons fait précédemment; mais rien n'est plus variable, avec les circonstances, que le prix d'une marchandise. D'ailleurs une fabrique de sucre, avant de s'installer dans un pays de culture, a besoin de s'assurer, dans des conditions convenables et par marchés ou traités le plus souvent, la production d'une certaine quantité de betteraves.

Ce sont ces conditions de vente que nous allons examiner et tout d'abord la vente au poids brut qui est l'ancien système, puis la vente à la richesse que nous considérons aujourd'hui comme la seule capable de pousser le cultivateur à faire de la betterave riche.

---

## CHAPITRE PREMIER

### LA VENTE DE LA BETTERAVE AU POIDS BRUT.

1. — **La vente au poids brut sans traité.** — Ce système consiste à vendre la betterave au fabricant aux approches ou en cours de fabrication pour un prix débattu et déterminé lors de la vente. Ce système, qui laisserait plus de liberté au cultivateur, a le grave défaut de ne présenter à l'avance aucune garantie pour l'approvisionnement d'une fabrique, et il ne présente quelques avantages pour le cultivateur que dans les pays, comme dans le département du Nord, où les fabriques étant les unes sur les autres, il peut y avoir concurrence lors de l'achat.

**2. — La vente au poids brut avec traité ou marché.** — Ce système de vente consiste pour le cultivateur à prendre l'engagement de cultiver en betteraves un certain nombre d'hectares dans des conditions déterminées, et, de la part du fabricant, à l'acheter un prix fixé d'avance, abstraction faite du prix du sucre et de la qualité de la betterave.

La principale condition imposée au cultivateur par le fabricant consiste dans l'emploi d'une graine que ce dernier aura choisie.

Autrefois, la variété dont le fabricant donnait la graine devait être du numéro 2, d'une densité de 4,9 à 5,5, pour être considérée, par les tribunaux, comme une graine et une betterave de qualité loyale et marchande.

Dans certains marchés, à ces conditions s'en ajoutent assez souvent quelques autres qui ont pour objet d'assurer la production d'une betterave suffisamment riche. Ces conditions secondaires consistent le plus ordinairement : 1° à défendre au cultivateur de mettre sa betterave sur parcage, ou après un défrichement de prairie artificielle.

2° A ne jamais employer de nitrate, en cours de végétation.

3° A ne jamais effeuiller les betteraves. Quelques autres imposaient un rapprochement considérable dans les lignes et, pour assurer l'exécution de cette condition, certains fabricants prennent les binages à leur compte.

Quelques-unes de ces conditions paraissent minutieuses; elles sont utiles pourtant dans les pays où le cultivateur manque d'une expérience suffisante pour choisir et pour produire de la betterave à sucre; mais, avec quelques avantages, cette vente au poids brut présente des inconvénients.

Ces inconvénients, nous allons le voir, s'accentuent d'année en année avec l'expérience du cultivateur.

**3. — Avantages et inconvénients de la vente de la betterave au poids brut.** — 1° *Avantages.* — L'expérience et les connaissances du fabricant guident assez sûrement le cultivateur encore inexpérimenté dans une culture qu'il n'avait point pratiquée jusque-là, et on comprend que ce système prévale encore actuellement en Allemagne où la surface cultivée a plus que triplé en moins de 12 ans.

2° *Inconvénients.* — Par suite des engagements réciproques, les deux parties contractantes ont aliéné leur liberté; de là des tiraillements, des froissements qui rendent difficiles les bons rapports entre le cultivateur et le fabricant.

A ces inconvénients, connus depuis trop longtemps en France, s'ajouteront forcément ceux qui naîtront de la nouvelle loi sur les sucres.

Le fabricant, plus que jamais, a tout intérêt à exiger de la betterave riche, afin d'avoir des excédents de rendement, qui, on le sait, échappent aux droits; mais pour cela, il faudrait que le cultivateur fît des labours profonds, précédés de façons superficielles nombreuses; il faudrait, de plus, qu'il employât le fumier avant l'hiver et des engrais chimiques phosphatés au printemps; il faudrait en un mot, qu'il modifiât profondément le système de culture, il faudrait surtout qu'il fît usage d'une graine numéro 1.

Nous ne croyons pas qu'il soit bien pratique d'imposer des conditions aussi nombreuses qui auront pour résultat de diminuer quelquefois le rendement en poids brut de la betterave tout en augmentant les frais de production de plus de 10 p. %.

Dans ces conditions, le cultivateur sera en perte s'il suit exactement les prescriptions, et si la betterave lui est payée moins de 25 fr. les 1,000 kilog.

Si le fabricant, dans le but de prévenir le découragement du cultivateur, se montre plus tolérant, lui-même sera bientôt en perte, car il n'aura qu'une betterave médiocre; ce ne sera plus qu'une question de temps; sa ruine est certaine.

Il n'y a qu'un moyen d'éviter ce double écueil : ce moyen consiste à faire de la betterave riche et à la payer proportionnellement à sa richesse.

---

## CHAPITRE II

### LA VENTE A LA RICHESSE.

1. — **Vente par marché et à la densité.** — Ce système consiste, de la part du cultivateur, à vendre au fabricant de

sucre sa betterave, suivant un traité signé à l'avance et pour plusieurs années, à un prix dont le montant, pour une richesse donnée, est fixé d'avance.

Le prix de base était autrefois de 20 fr. pour une densité de 1,050, c'est-à-dire de 5 degrés et l'augmentation était en général de 40 centimes par dixième de degré en plus et la diminution aussi de 40 centimes par dixième en moins; de sorte qu'une betterave qui avait une densité de 5°1 valait 20 fr. 40; de 5°2, 20 fr. 80 et ainsi de suite pour l'augmentation et la diminution. Mais les marchés qui ont été signés dans ces conditions seraient aujourd'hui trop onéreux pour le fabricant de sucre, parce que le sucre était à plus de 50 fr. alors qu'il n'est qu'à 40 aujourd'hui, soit 10 centimes en moins le kilogramme de sucre, et comme une betterave qui a 10 de sucre en donne environ 6 p. $^0/_0$, lesquels à 50 fr. auraient donné une valeur de 30 fr.; alors qu'à 40 fr. aujourd'hui cette valeur n'est plus que de 24 fr., la betterave qui valait autrefois 20 fr. ne vaudrait donc plus aujourd'hui que 20 fr. moins 6 fr., c'est-à-dire 14 fr. et encore cette betterave ne donnerait-elle qu'assez difficilement les 6 p. $^0/_0$ de rendement légal. Quoi qu'il en soit, nous allons prendre ces deux chiffres de 14 fr. et de 5 de densité comme point de départ, et nous demander de combien il faut l'augmenter par dixième de degré.

Si la betterave, dont le jus a 5 de densité, rend 60 de sucre, une betterave qui aura 5°1 de densité donnera 62 par diffusion.

En effet, lorsque le jus a une densité de 5, en multipliant 5 par 2, on a 10 p. $^0/_0$ et par 1,000 kilog. de betteraves, 100 kilog. de sucre; mais, la richesse p. $^0/_0$ en sucre étant connue, pour avoir le rendement industriel par diffusion de la betterave, il suffisait, dans la fabrication par presse hydraulique, de retrancher 4 environs pour la perte dans les pulpes et dans la mélasse, à plus forte raison ce nombre-là sera-t-il largement suffisant dans la fabrication par diffusion.

Or, 51 × 2 donne 102. De 102, ôter 40, reste 62, c'est-à-dire qu'avec une densité de 5°1, on obtient une augmentation de rendement de 2 kilog. de sucre; et comme ces 2 kilog., à 40 centimes, ont une valeur de 80 centimes, il conviendrait donc, partageant par parties égales ce bénéfice entre le fabricant et le cultivateur, de le porter au compte du cultivateur, et pour cela, il faudrait augmenter la betterave du prix de 40 centimes : de la betterave qui a 5°1, vaudrait donc pour un fabricant non abonné, 14 fr. 40 ; de la betterave qui a 6 vaudrait donc 10 fois 40 centimes en plus ou 4 fr. c'est-à-dire 14 + 4 ou 18 fr. ; de la betterave qui aurait 7° vaudrait 24 francs.

Tel est bien le prix que le fabricant aurait pu payer jusque dans ces derniers temps de la betterave à 7, sans tenir compte du déchet de fabrication, qui n'aurait pourtant pas moins de 15 p. °/₀ de sucre du volume du jus.

Mais, la loi du 29 juillet ayant été faite dans le but de venir en aide, non moins à la culture qu'au fabricant, il convient de partager la remise d'impôt que fera l'État par 100 kilog. de sucre sous le titre de 8 p. °/₀ de déchet de fabrication.

La betterave payée 24 fr. pourrait donc être payée 26 fr. par le fabricant.

Mais lorsque ce dernier a l'avantage de travailler de la betterave dont le rendement en sucre raffiné dépasse 6, la valeur du dixième de degré qui correspond, nous l'avons expliqué, à une augmentation de rendement de 2 kilog. de sucre par 1,000 kilog. de betteraves travaillées n'est plus de 40 centimes, mais elle est d'environ 1 fr. 80, puisque ces 2 kilog. obtenus comme excédent de rendement légal, ne paieront pas le droit qui est de 50 centimes du kilogramme.

Si donc, nous partageons par moitié, entre le fabricant et le cultivateur, cette valeur de 1 fr. 80 qu'à le dixième, il conviendra d'augmenter la betterave d'autant de fois 90 centimes qu'elle marquera de dixièmes au-delà de 5, de sorte que le degré ne doit plus être, comme autrefois, de 4 fr. mais de 9 fr., de 8 fr. au moins.

De sorte que si nous prenons, comme point de départ, 14 fr. pour la betterave à 5°, la betterave à 6 degrés vaudra 14 + 9, c'est-à-dire 23 francs, et de la betterave à 7 vaudra 23 + 9 c'est-à-dire 32 fr. et, dans ce cas, le fabricant n'aura pas à se plaindre, puis qu'en travaillant cette betterave, il gagnera 18 fr. de plus qu'en la travaillant à 5.

# CHAPITRE III

## VENTE DE LA BETTERAVE A LA RICHESSE ET AVEC PRIX VARIABLE SUIVANT LE COURS DES SUCRES.

1. **En quoi consiste la vente de la betterave à prix progressif ou variable avec le cours des sucres.** — Ce mode de vente, encore très peu pratiqué jusqu'ici, consiste à faire *varier* le prix de la betterave, non seulement avec la densité ou la richesse saccharimérique, mais encore avec les prix, c'est-à-dire avec le cours des sucres.

*Exemple :* Le prix de la betterave à 6 de densité étant fixé à 22 francs, ce prix *augmentera* ou *diminuera* avec les prix moyens des sucres pendant les trois mois de fabrication, — octobre, novembre et décembre, — dans des proportions ou suivant une base qu'il nous reste à déterminer.

*Remarque.* — La vente de la betterave à prix progressif réalise, dans une certaine mesure, l'association de la culture et de l'industrie sucrière ; elle permet ainsi à cette dernière de payer la betterave un prix plus élevé, car elle n'a point à supporter seule la dépréciation qui peut survenir dans le prix des sucres.

2. **Les bases de variation, suivant le cours des sucres, du prix de la tonne ou des mille kilogr. de betteraves.** — On peut distinguer trois sortes de bases principales :

1° — *Avec une prime d'augmentation ou de diminution fixe, de trente centimes du franc, par exemple.* — Le prix de base étant, supposerons-nous, de 22 fr. pour la betterave à 6 de densité, et alors que les sucres n° 3 sont à 42, cette betterave vaudra 22fr., plus 30 centimes, ou 22 fr. 30, si les cours des sucres s'élèvent à 43 fr.

La betterave de 6 de densité ne vaudra, au contraire, que 22 francs moins 30 centimes, ou 21 fr. 70, si les cours des sucres descendent à 41 francs.

*Remarque I.* — Une usine a proposé les prix de la base de variation que nous venons d'exposer, et de plus la moitié des bénéfices qu'elle réaliserait au-delà de dix francs de la tonne de betteraves travaillées.

*Remarque II.* — Quelques fabriques, comme celles de Rue et

Beauchamps (Somme), ne font varier les cours qu'au delà et au deçà d'une certaine limite ; qu'au delà en général de 45 francs et en deçà de 40 francs.

Dans ce cas donc, pas de variation lorsque les cours des sucres oscillent entre 40 fr. et 45 fr. Mais voici exposé un autre système encore, sous le titre de la Remarque suivante.

*Remarque III.* — Une autre grande usine, la fabrique de M. Jaluzot, d'Origny-Sainte-Benoite (Aisne) paie 22 francs à 6° de densité, avec une augmentation d'un franc par dixième, soit donc 32 fr. à 7 ; 37 à 7° 5, et 42 à 8.

Mais de plus il est accordé gratuitement cent kilogrammes d'écumes de défécations par 1000 kilogrammes de betteraves livrées, soit donc encore le dixième du poids de la betterave.

Et en outre —, et c'est ici que le système de vente diffère des précédents, — il est accordé une augmentation dans le prix de la betterave lorsqu'il y a hausse dans le cours des sucres, sans que le prix de la betterave subisse de baisse lorsqu'une baisse survient dans le cours des sucres.

L'augmentation est de 30 centimes par tonne de betteraves et par franc de hausse dans le cours du sucre 88, lorsque le cours dépasse 36 francs.

La betterave à 6 étant payée 22 francs, et la betterave à 7,32 lorsque le sucre est à 36 francs *et au-dessous*, ces betteraves seront respectivement payées 22 fr., 30 et 32 fr. 30 lorsque le cours du sucre 88 sera de 37 francs.

A Rue et Beauchamps, la progression est tout à la fois ascendante et descendante, mais seulement au-dessus de 45 et au-dessous de 40.

A Origny-Sainte-Benoite, au contraire, la progression n'est qu'ascendante, c'est-à-dire que le prix fixé peut augmenter sans pouvoir diminuer.

Ce qu'on veut éviter dans les deux systèmes, c'est que le cultivateur ait trop à compter avec le cours des sucres : l'idée paraît bonne lorsqu'on se trouve surtout en présence de nombreux petits cultivateurs.

C'est dans ces conditions qu'on laisse parfois aux cultivateurs le droit d'option, c'est-à-dire le droit de vendre à la densité ou à prix fixe ; mais, dans le dernier cas surtout, à des conditions déterminées de graines, d'engrais et de distance.

Mais le système de culture ayant une grande influence sur la richesse de la betterave, le fabricant ne peut promettre qu'un prix peu élevé : de bons cultivateurs ne sauraient s'accommoder de pareilles conditions.

*Remarque IV.* — La base de variation à 30 centimes du franc a été adoptée par le comité des fabricants de sucre de l'arrondissement de Péronne. Elle est fort équitable lorsqu'il s'agit d'une betterave de richesse moyenne de 5° 4 à 5° 6 de densité ; car cette betterave ne rendra guère que 60 kilogrammes de sucre par tonne de betteraves travaillées. Or, avec une pareille betterave, chaque franc d'augmentation ne donnera au fabricant que 60 centimes de recette en plus ; s'il en donne 30 au cultivateur, c'est la moitié ; on ne saurait demander plus pour une betterave de richesse moyenne. Mais pour une betterave pauvre ce serait trop ; et pour une riche, trop peu. C'est pour remédier à cet inconvénient, qu'avec M. Hourdequin, de Doullens, nous recommandons aussi la vente à prime progressive.

Elle a comme avantage d'être plus juste, plus équitable ; mais comme inconvénient, de compliquer un peu les règlements de compte en fabrique des cultivateurs.

2° — *Vente à prime demi-fixe ou progressive.* — Voici dans quelle mesure varie la prime, par franc d'augmentation dans le cours des sucres :

| | | |
|---|---|---|
| 1ent | de 5° 5 à 6° | 28 centimes. |
| 2ent | de 6° à 6° 5 | 33 » |
| 3ent | de 7° à 7° 6 et plus | 42 » |

*Exemple :* La betterave à 7° étant fixée à 30 fr., lorsque le sucre n° 3 est à 42 francs, cette betterave vaudra 42 fr. plus 42 cent., si le sucre monte à 43 francs. Elle ne vaudra, au contraire, que 30 fr. moins 42 cent., ou 29 fr. 58, si le sucre descend à 41 francs.

Il y en aurait assez long à dire sur les avantages et les inconvénients de ces différents systèmes : en théorie, ils sont séduisants ; en pratique, ils présentent l'inconvénient de compliquer un peu des écritures déjà fort chargées.

Quoi qu'il en soit, notre devoir est de faire connaître les différentes bases de variations proposées. En voici une dernière qui a été adoptée par plusieurs sucreries, par la sucrerie de Pont-à-Vendin (Pas-de-Calais) et de Ribemont (Somme).

Elle permet au fabricant de payer la betterave un prix maximum ; mais elle a comme inconvénient de faire supporter, principalement par le cultivateur, les effets des variations des cours des sucres.

3°. — *Vente à prix variant proportionnellement avec le cours des sucres.* — Avec cette base de variation, les augmentations et les diminutions sont tout à fait proportionnelles au cours du sucre.

*Exemple :* La betterave de 6° de densité valant 22 francs, lorsque le sucre n° 7 est à 42 fr., on demande ce que vaudra cette betterave, lorsque le sucre sera à 43 ?

*Solution:* Voici le raisonnement à faire pour déterminer le prix de la betterave lorsque le sucre est à 43 francs, et dans le cas où le prix de la betterave a été fixé à 22 franes pour un cours de base de 42 francs.

Lorsque le sucre est à 42 francs, on paie la betterave 22 francs, ci.......... 22 f.

Si le cours du sucre n'était que de 1 fr., on paierait 42 fois moins, ou 22 divisé par 42............................ $\frac{22}{42}$

Et lorsque le sucre est à 43 francs, on paiera 43 fois plus, soit... ........... $\frac{22 \times 43}{42} = 22$ fr. 52

Ainsi, une augmentation d'un franc dans le cours du sucre ne produit pas une augmentation moindre de plus de 52 centimes sur le prix de la betterave à 6° de densité. Cette augmentation serait de 71 centimes pour la betterave du prix de 30 francs à 7.

Dans ces conditions, les variations de cours pèsent plus lourdement sur les cultivateurs que sur les fabricants, et c'est un inconvénient. Mais il faut reconnaître qu'avec ce système la betterave riche et la betterave pauvre subissent des augmentations et des diminutions équitablement proportionnelles.

Le nouveau système que nous proposons avec M. Hourdequin nous paraît atteindre le même but, celui d'une variation proportionnelle à la valeur de la betterave, tout en évitant de faire peser ces variations plus sur le cultivateur que sur le fabricant.

Quoi qu'il en soit, et dans ces cas, ce qu'il importe, c'est de prendre des prix de base qui soient sérieusement étudiés.

Si tel fabricant augmente le prix de la betterave à partir de 40 francs, et qu'il la paie 30 francs à 7, c'est plus avantageux pour le cultivateur qu'un prix de 31 francs avec une augmentation seulement de 30 centimes à partir de 46 francs.

Ces différentes questions de détail, comme les questions d'ensemble et de compensation, ont une grande importance. C'est pour en mieux faire saisir la portée que nous allons faire connaître un certain nombre de modèles de marchés ou de traités de betteraves.

# CHAPITRE IV

## LES NOUVEAUX MARCHÉS.

### § I. — Encore la nouvelle loi sur les sucres et les conséquences économiques.

1. — **Il ne faut plus travailler que de la betterave riche.** — Aujourd'hui, tout le monde connaît la nouvelle loi sur les sucres: on sait qu'elle ne fait pas payer plus de droits, c'est-à-dire plus d'impôts, à la bonne betterave qu'à la mauvaise.

Travailler de la betterave riche constitue donc pour le fabricant un avantage considérable. Mais comme elle produit moins, il y a lieu de se demander si le fabricant la paiera plus cher.

Là est la question délicate. Quant à nous, nous répondons évidemment, sans aucun doute: il faut que messieurs les fabricants se décident à payer plus cher la betterave riche.

La première raison c'est que le prix de revient en est sensiblement plus élevé et qu'elle produit moins; et la deuxième, c'est qu'elle laissera aux fabricants des bénéfices relativement considérables: c'est ce que tout à l'heure il nous sera facile de démontrer.

Et pourtant, quelques fabricants déclarent ne vouloir subir aucun changement, ne vouloir apporter aucune modification sérieuse dans leurs rapports avec la culture.

Écoutons l'un d'eux.

2. — **Un fabricant qui ne veut pas de changement dans les conditions d'achat de la betterave.**

Le fabricant. — Non, pas de changement. A quoi bon? Il y a bien la loi du 29 juillet dernier, qui nous donne quelques avantages; mais cette loi a été faite pour sauver la grande industrie sucrière: une loi sur les sucres ne peut avoir d'autre but.

Un cultivateur. — M'est avis cependant que MM. les députés ont aussi voulu faire quelque chose pour nous autres pauvres cultivateurs.

La preuve, c'est que, lors du vote de la loi, Messieurs vos confrères on racolé dans le canton tous les gros et petits cultivateurs pour faire campagne auprès de nos législateurs.

LE FABRICANT. — Ce que vous dites là est à moitié exact. La vérité, c'est que les cultivateurs sont trop nombreux pour que sérieusement on puisse faire quelque chose de véritablement utile pour eux.

Puis, en examinant l'affaire au fond, on reconnaît que la loi n'a pas voulu de changement dans les anciens marchés; elle ne le pouvait pas: une loi ne peut rien contre des conditions loyalement débattues, ni contre des traités fidèlement exécutés.

Au nom de ces marchés, j'ai le droit de vous imposer ma graine, et, de plus, un nombre déterminé de betteraves au mètre carré; c'est à prendre ou à laisser pour l'avenir; mais, quant à cette année, j'entends user de ce droit; car je ne puis faire autrement, mes actionnaires l'exigent.

D'ailleurs, je vous ai bien payé jusque-là, et je garde l'espoir d'obtenir le renouvellement pur et simple de notre traité; je vous promets.....

DEUX FABRICANTS ENSEMBLE. — Vous avez bien raison, promettez, promettez. Les cultivateurs, qui ne savent jamais s'entendre, finiront par céder peu à peu, et nous aurons, comme les fabriques de Crèvecœur, dans l'Oise; de Toury, dans l'Eure-et-Loir, et tant d'autres, au prix de 20 à 22 fr., de la betterave à 6° 1/2 et 7 de densité.

Ne nous pressons pas: déjà beaucoup de cultivateurs du canton de Poix et de l'arrondissement d'Abbeville sont fort bien disposés; ils vont nous signer des marchés avantageux; mais pas d'impatience.

LE COMITÉ DES FABRICANTS DE SUCRE DE PÉRONNE. — C'est une erreur, Messieurs, une profonde erreur: le cultivateur est plus éclairé que vous ne pensez, et vous prenez aujourd'hui l'exception pour la règle. Quant à nous, nous voulons partager loyalement avec les cultivateurs les bénéfices qui peuvent résulter de la nouvelle loi. En agissant ainsi, nous nous inspirons des principes élémentaires de l'équité, et, en somme, de nos intérêts bien compris.

En effet, nous ne pouvons gagner d'argent qu'avec des betteraves riches, et beaucoup d'argent qu'avec des betteraves extra-riches. Or, nous n'obtiendrons ces betteraves qu'en les payant cher, de 25 à 35 francs.

La production de la betterave riche présente pour la culture certains avantages. Elle est, par exemple, moins épuisante que l'autre; mais elle donne moins de poids à l'hectare, et il faut allécher le cultivateur par des prix élevés.

Dans ces conditions, il convient d'entrer dans une voie nouvelle.

Un fabricant très alarmé. — Le cultivateur ne vous saura pas gré de ce sacrifice, et vous courrez à votre ruine. Et si la loi est modifiée, et si les sucres baissent encore, et si..., que sais-je! c'est un malheur, c'est la ruine! mes actionnaires n'accepteront jamais de pareilles conditions!

Le Comité des fabricants de sucre de Péronne. — Vous ferez comme vous voudrez; mais vous avez tort de trop consulter vos bailleurs de fonds. Chacun sait, en effet, qu'un actionnaire, en général, ne connaît rien aux conditions économiques d'une industrie: ce qu'il sait, c'est toucher de gros dividendes.

Ce qu'il voudrait, dans ce but, c'est d'avoir de la betterave riche au prix de la bonne. Or, la vérité, c'est que la bonne betterave produit un quart de moins que la mauvaise, et qu'en la payant, nonobstant la crise, un tiers en plus, le cultivateur fera de la betterave riche.

Là est le salut; il n'est pas ailleurs.

Nous pensons comme le Comité: la betterave riche donne pour la même dépense beaucoup plus de sucre; et le fabricant doit la payer plus cher, si elle rend beaucoup plus. C'est d'ailleurs ce que nous allons prouver.

## § II. — Rendement industriel de la betterave riche travaillée par diffusion, ou une réponse à quelques fabricants.

**1. — Rendement en sucre de la betterave riche en Allemagne.** — Déjà, nous avons affirmé qu'une betterave qui a 7° de densité, et qui dose environ 14 % de sucre, donne 100 kilog. de sucre raffiné, soit près de 11 % de sucre brut en trois jets, et qu'en osmosant les mélasses, le rendement peut en être encore plus considérable de un pour 100.

On a nié l'exactitnde de ces chiffres. Or, une erreur sur un pareil sujet serait grave; car c'est sur le rendement élevé de la betterave riche que reposent les hauts prix que le fabricant peut accorder à ses fournisseurs. On a nié, on a ri, on a parlé d'expériences de laboratoires. Ces doutes ne reposent sur rien que sur des préoccupations d'intérêts mal compris.

En effet, à l'appui de ces chiffres ou pour les corroborer, nous n'avons que l'embarras du choix si nous voulons trouver des faits; et, pour cela, nous ne nous adresserons pas à des expériences de laboratoire, qui n'auraient que peu de valeur, mais aux résultats obtenus dans les sucreries, dans les sucreries allemandes surtout, qui ont acquis sur le travail de la betterave riche une grande expérience et qui ont une autorité que n'ont point les nôtres encore.

Nous devons être court; nous nous bornerons donc à citer les résultats obtenus dans quelques fabriques seulement, prises au hasard.

1° *Sucrerie du bailli Zimmermann, à Dotitz am Berget,* à treize kilomètres de Halle-sur-Saale. — En 1883, la betterave renfermait 14 1/2 à 15 $^0/_0$ de sucre; le rendement à la sucrerie a été de 13 $^0/_0$, dont 11 1/2 en premier jet. On osmose deux fois.

Le rendement en sucre paraît être de 86 $^0/_0$ de celui contenu dans la betterave. L'usine travaille 150 jours, commence au 15 septembre, finit en mars. *(Bulletin de la Société des Agriculteurs de France. An 1884.; page 520.)*

2° *Sucrerie de Rethen,* des environs de Hanovre. — La richesse de la betterave est de 14 $^0/_0$; le rendement en sucre, premier et deuxième jet, est de 11,30. *(Voyage agricole en Allemagne, par Jules Bénard.)*

3° *Sucrerie de Lafferde (Allemagne).* — Voici, disposés en tableau, les résultats obtenus en 1883-84.

| | La première semaine de fabrication, du 18 au 22 septembre. | La dernière semaine, du 20 au 23 janvier. | Moyenne de toute la campagne. |
|---|---|---|---|
| Densité ..... | 6°,8 | 6°,15 | 6°,15 |
| Sucre ........ | 13°,73 | 12°,21 | 12°,91 |

Rendement en sucre, 11,77 °/₀ de la betterave, dont :

| | | |
|---|---|---|
| En premier jet.................. | 10,04 | 11,77 |
| En deuxième jet................ | 1,12 | |
| En troisième jet............... | 0,61 | |

Ainsi, une betterave qui n'avait en moyenne que 6,45 de densité et 12,01 °/₀ de sucre, en a donné 11,77 °/₀ ; ce rendement est considérable. C'est qu'ici, évidemment, comme il arrive souvent en Allemagne, les mélasses, après un traitement convenable, seront rentrées en fabrication.

Ce que nous voulons d'ailleurs, ce n'est pas 11,77 de rendement d'une betterave qui a moins de 13, mais c'est un peu plus de 10 d'une betterave qui aurait 14 °/₀.

4° *Sucrerie de M. Jordan, à Oppin.* — Les betteraves titrent en moyenne 14 °/₀ de sucre du poids de la betterave.

Le rendement en sucre (avec osmose) est toujours au-dessus de 10 °/₀, et varie généralement entre 11 et 13 °/₀, soit 80 °/₀ environ du sucre contenu dans la betterave. *(Bulletin de la Société des Agriculteurs de France, page 521).*

5° *Fabrique de la Compagnie sucrière de Halle-sur-Saale.* — Pendant la campagne de 1883-84, la fabrique a travaillé, pendant 143 jours et demi, une moyenne journalière de 486,700 kilog., correspondant à 41 millions. Dans ce chiffre, on compte 21,8 °/₀ pour les betteraves cultivées par l'usine.

La richesse moyenne de la betterave s'élève à 12,03 °/₀ de sucre et le quotient de pureté à 82,50 correspondant à une densité de 106,2. La masse cuite de premier jet obtenue s'élève à 13,18 °/₀ de la betterave avec une richesse moyenne de 83,73. Cette masse cuite a rendu :

| | pour 100 de la betterave. | pour 100 de la masse cuite. |
|---|---|---|
| Premier jet polarisant 94,64.. | 9,09 | 68,97 |
| Bas produits polarisant 91.... | 0,94 | 7,19 |
| Rendement.............., ... | 10,03 | 76,16 |
| Mélasse.................. .... | 3,22 | 24,44 |

Ce rendement de la masse cuite, comme, du reste, on l'entend généralement en Allemagne, est ramenée aux 100 kilog. *(La Sucrerie indigène ou coloniale. An 1884, page 771.)*

Ainsi donc, voici, d'après le journal de MM. les fabricants de sucre, une betterave qui n'avait en moyenne qu'une densité de 10,62, avec une richesse de 12,03 °/₀ de son poids, qui a donné 10,03 en sucre brut. Et on ne pourrait pas obtenir, dit-on, en France, d'une betterave à 14 °/₀ une quantité de 11 °/₀ de sucre brut, soit environ 10 de raffiné ! Allons donc, fabricants français, vous êtes trop modestes, et vous ferez mieux. Un peu plus de confiance dans vos appareils et en vous-mêmes !

Un Allemand, M. Gœrz, qui a visité vos usines cet automne, témoigne de l'excellence de votre montage et de votre intelligence.

Ce qu'il y a de supérieur, dit-il, c'est la *betterave allemande*. Or, au nom des cultivateurs désireux de bien faire, nous venons vous offrir cette betterave riche, si vous voulez la payer ce qu'elle vaut.

Vous le voudrez. J'ajoute que vous le pouvez, et qu'en payant la bonne betterave de 25 à 35 francs des 1,000 kilog., il vous restera un bénéfice de 10 à 15 fr. par tonne de betteraves travaillées. Faites le donc bien comprendre à vos actionnaires en quête de gros dividendes.

**2. — Ce que les Allemands font nous pouvons le faire.** — Ce qui le prouve, c'est que d'une betterave à 5 de densité on a, dans la Somme, obtenu 7 °/₀ de sucre en osmosant trois fois les mélasses ; et qu'ailleurs, dans le Pas-de-Calais, on a obtenu 11 °/₀ de sucre raffiné d'une betterave de 14 °/₀ de sucre, mais en osmosant également trois fois les mélasses.

Que ces rendements ne soient pas courants, soit; mais nos prétentions sont plus modestes:

Nous ne voulons obtenir d'une betterave qui titre 14 que 11 ou même un peu moins de sucre brut, soit 10 de sucre raffiné.

C'est dans ces conditions qu'il nous sera facile de balancer les recettes avec les dépenses.

—

## § III. — Recettes et Dépenses. — La balance et le prix de la Betterave.

**1. — Recettes.** — Une betterave à 7° de densité, dosant de 13,80 à 14 °/₀ de sucre de son poids, donne, dans une bonne usine ordinaire :

1° 110 kilog. de sucre à 31 fr. 82, prix moyen des trois jets au cours de la bourse d'octobre à janvier, et en considérant le tout comme ayant subi la dépréciation imposée par la ligue des raffineurs au sucre libéré de droits. Soit donc, dans ce cas exceptionnellement désavantageux, pour le montant de la valeur du sucre, 110 × 31,82 ou ........................................ 35 fr. »»

| | | |
|---|---|---|
| 2° Sous-produits composés : | | |
| Premièrement. — Pulpes, 30 kilog. à 0 fr. 04 ........................ | 1 fr. 20 | |
| Deuxièmement. — Mélasse, 30 kilog. à 50 °/₀ de sucre et vendu 0 fr. 30 du degré, c'est-à-dire 32 × 30 divisé par 2 = 4 fr. 60 ........................ | 4 60 | 6 »» |
| Troisièmement. — Écumes, 80 kilog. par tonnes de betteraves travaillées et vendues 2 fr. 50 de la tonne, soit 0,80 × 2 fr. 50 = 0 fr. 20 ........................ | 0 20 | |
| Total de la valeur des produits obtenus.... | | 41 fr. »» |

Mais, à cette première source de recettes, il faut ajouter une somme importante, la prime provenant des excédents de rendement.

3° *La prime* de 0 fr. 50 sur les 40 kilog. d'excédent. Or, 110 kilog. de sucre brut donneront sûrement 100 kilog. de sucre raffiné. Et, comme la loi du 29 juillet dernier affranchit de droits tout le sucre qui excède 60 kilog. dans les fabriques marchant par la diffusion, nous aurons comme excédent 100 kilog. moins 60, soit 40 kilog. A 0 fr. 50 c'est un boni d'impôt de 20 francs, ci ........................ 20 fr. »»

Total des recettes..... 61 fr. »»

Ainsi le montant total de la recette est de 61 fr. et pourtant tous nos chiffres sont modérés, tous peuvent se justifier dans des circonstances ordinaires, médiocres même. Nous comptons le sucre à moins de 34 fr., bien qu'il soit à près de 38 fr. en moyenne. C'est que nous connaissons les effets de l'immorale ligue des raffineurs, qui paient, par suite d'entente, tout le sucre libéré de droit 8 fr. au-dessous de sa valeur réelle.

Si on m'objecte encore que la quantité de sucre raffiné est trop forte, qu'on n'obtient pas 100 kilog. de raffiné d'une betterave à 7° de densité, je répondrai que la vérité est qu'on peut obtenir plus; que la fabrique française qui m'a fourni ces chiffres a obtenu 110 kilog. en osmosant trois fois; qu'une autre usine française a déjà obtenu $7_{2}$ % de sucre brut en osmosant deux fois les produits d'une betterave à 4.9 en moyenne.

Mais si nous avons pris des chiffres faibles, c'est que nous ne voulons faire courir aucun risque à la fabrique qui les prendrait pour base de ses marchés; nous ne voulons pas qu'elle éprouve aucune déception, payât-elle le charbon 22 fr. et même 24 au lieu de 14 et 16.

Nous connaissons les recettes; elles sont au minimum de 61 fr. Voyons ce que sont les dépenses.

### 2. — Dépenses du cultivateur et du fabricant.

| | |
|---|---|
| 1° Au compte du cultivateur, 22 fr. comme prix de revient des 1,000 kilog. d'une betterave riche, ci.................. | 22 |
| 2° Au compte du fabricant comme frais de fabrication de la tonne dans des conditions ordinaires, ci........... | 17 |
| Dépense totale...... | 39 |

### 3. — Partage.

| | |
|---|---|
| Recette...................................... | 61 |
| Dépense..................................... | 39 |
| Différence.................................. | 22 |

En partageant cette somme de 22 francs par moitié, il revient à chacun des intéressés, c'est-à-dire au fabricant et au cultivateur, une somme de 11 fr. par tonne. Alors la betterave sera payée 22 + 11, c'est-à-dire 33 fr. Qu'on abaisse encore le prix des sucres et cette betterave ne peut être payée moins de 30 à

31 fr. comme l'a décidé le Comité des fabricants de sucre de Péronne.

C'est d'ailleurs ce qui a été consacré dans les marchés suivants que nous signalons à l'attention des cultivateurs et des fabricants : ce sont des marchés dont quelques-uns ont des prix variables avec la richesse et avec le prix des sucres.

---

## § IV. — Modèles de nouveaux marchés passés entre cultivateurs et fabricants de sucre.

Dans la plupart des nouveaux marchés, on a pris comme base la densité. Dans quelques autres, souvent faits par de forts cultivateurs, la richesse saccharimétrique a été prise comme base.

Nous allons commencer par donner un exemple de conditions de marchés à la densité.

La détermination de la densité est plus rapide et le contrôle en est mieux à la portée des cultivateurs, car le saccharimètre est un instrument d'un emploi délicat.

Et tout d'abord, voici, d'après le Comité des fabricants de sucre de l'arrondissement de Péronne, les principales conditions d'achat à la densité.

I. — *Achat à la densité, suivant la décision du Comité de Péronne.*

1. — **Prix.** — Le prix de base de la betterave, à 6° de densité, sera de 22 fr., quel que soit le cours du sucre, ou de 21 fr. à la même densité avec majoration de 30 centimes par franc de hausse sur les sucres à partir de 45 francs.

Ce prix de 45 fr. est, pour le sucre blanc en fabrique, calculé d'après la côte officielle de la Bourse de Paris en octobre, novembre et décembre.

Chaque dixième de degré au-dessus de six (6°) donnera lieu à une plus-value de 80 centimes; au-dessus de 6,5, la majoration sera de 1 fr. par dixième.

Au-dessous de 6°, la réfaction sera de 1 fr. par dixième. Toute betterave qui n'accusera pas une densité de 5°,5 pourra être refusée.

2. — **Ensilotage.** — Le fabricant se réserve la faculté de demander au cultivateur de conserver en petits silos de deux mètres à la base un tiers de sa production.

Les betteraves en silos seraient payées dans ce cas 10 % en plus de la valeur de la betterave.

Les betteraves arrachées à la fourche seront refusées.

Dans ces conditions, voici, dressés en tableau, les chiffres des densités et des prix aux mille kilogrammes.

Nous avons ouvert, de plus, dans le tableau, les prix d'achat à la densité de la fabrique de Monchy (Somme), et de deux autres fabriques de l'Eure et d'Eure-et-Loir.

On pourra ainsi mieux les comparer.

| DENSITÉ prise à 15° cent. | PRIX du COMITÉ de Péronne. | PRIX de la fabrique de MONCHY-LAGACHE (Somme). | PRIX de TOURY (Eure-et-Loir) avec le sucre à 40 fr. | PRIX de ÉTREPAGNY (Eure) avec le sucre à 40 fr. | Indication de la richesse à raison de 2 % par degré, |
|---|---|---|---|---|---|
| 7 | 31 | 31 | 21 | 24 70 | 14 |
| 6,9 | 30 | 30 25 | 20 | 24 20 | 13,800 |
| 6,8 | 29 | 29 50 | 20 | 23 70 | 13,600 |
| 6,7 | 28 | 28 75 | 20 | 23 20 | 13,400 |
| 6,6 | 27 | 28 | 20 | 22 70 | 13,200 |
| 6,5 | 26 | 27 25 | 20 | 22 20 | 13 |
| 6,4 | 25 20 | 26 50 | 19 | 21 70 | |
| 6,3 | 24 40 | 25 75 | 19 | 21 20 | |
| 6,2 | 23 60 | 25 | 19 | 20 70 | |
| 6,1 | 22 80 | 24 25 | 19 | 20 20 | |
| 6 | 22 | 23 50 | 18 | 19 70 | 12 |
| 5,9 | 21 | 22 75 | 18 | 19 20 | |
| 5,8 | 20 | 22 | 18 | 18 70 | |
| 5,7 | 19 | 21 25 | 18 | 18 20 | |
| 5,6 | 18 | 20 50 | 18 | 17 70 | |
| 5,5 | 17 | 19 75 | 18 | 17 20 | 11 |
| 5,4 | Au-dessous de 5,5 refusé. | 19 | 1° De 7,5 à 8 22 fr. De 8 et au-dessus 23 francs. 2° Lorsque le sucre sera à 70 francs on paiera la betterave à 7, 20 francs. | 16 80 | |
| 5,3 | | 18 25 | | 16 40 | |
| 5,2 | | 17 50 | | 16 | |
| 5,1 | | 16 75 | | Au-dessous de 5,2, refusé. | |
| 5 | | 16 | | | 10 |

En jetant un coup d'œil sur le tableau précédent, on voit de suite comment certaines usines se font la part du lion : nous pensons qu'elles compromettent leurs intérêts, car ce n'est pas dans ces conditions qu'elles obtiendront du cultivateur cette bonne betterave qui doit les faire vivre. Mais voici un autre mode de marché, un modèle de marché à la richesse. Il fait aux deux intéressés une part assez équitable.

II.—*Modèle de marché de betterave à la richesse saccharimétrique* (1).

Entre les soussignés MM.
fabricants de sucre à d'une part;

Et M. cultivateur à d'autre part;

Il a été convenu ce qui suit :

ART. 1er. — Le second soussigné s'engage à cultiver en betterave à sucre une étendue minimum de hectares avec un poids à l'hectare variant de 25 à 45,000 kilog. Il en livrera la récolte aux susdits fabricants, à l'usine même, et tous les transports seront à sa charge.

Il devra nettoyer le mieux possible ses betteraves, les décolleter à plat à la naissance des premières feuilles, les livrer bien saines et non atteintes de gelée.

ART. 2. — La fourniture des betteraves commencera dès le début de la fabrication et se continuera au fur et à mesure des besoins de l'usine.

Les fabricants auront la faculté de faire cesser momentanément les charrois, soit par suite d'encombrement, soit pour toute autre cause majeure.

ART. 3. — Les susdits fabricants payeront les betteraves d'aprés leur richesse en sucre pour 100 grammes de betterave.

La base de sucre adoptée est de 11 % de sucre de la betterave et le prix en est fixé à 21 fr. 75 les 1,000 kilog. Au-dessus et au-dessous de ce taux pris pour base, la valeur des betteraves augmentera ou diminuera proportionnellement, comme le tableau ci-dessous l'indique.

(1) D'une usine du Pas-de-Calais, qui achète le charbon à 12 fr. de la tonne seulement. — Il faut en général 150 kilog. de charbon du prix de 22 fr. pour ravailler une tonne de betteraves.

TABLEAU DE LA RICHESSE SACCHARIMÉTRIQUE ET DU PRIX AUX 1000 KILOGRAMMES.

| SUCRE pour 100 gr. de la Betterave. | DENSTIÉ d'après M. VIVIEN. | PRIX (1) aux 1,000 kil. | SUCRE pour 100 gr. de la Betterave. | DENSITÉ d'après M. VIVIEN. | PRIX aux 1,000 kil. |
|---|---|---|---|---|---|
| 9 50 | 9 22 à 5° | 17 00 | 12 25 | | 27 25 |
| 9 75 | | 17 50 | 12 50 | 12 65 à 6° 6 | 28 50 |
| 10 10 | | 18 25 | 12 75 | | 29 25 |
| 10 25 | | 19 00 | 13 00 | | 31 00 |
| 10 50 | 10 32 à 5° 5 | 19 75 | 13 25 | | 32 25 |
| 10 75 | | 20 75 | 13 50 | 13 80 à 7 | 33 50 |
| 10 00 | | 21 75 | 13 75 | | 34 75 |
| 11 25 | | 22 75 | 14 00 | | 35 75 |
| 11 50 | 11 45 à 6° | 23 75 | | | |
| 11 75 | | 24 75 | | | |
| 12 00 | | 26 00 | | | |

Au-dessus de 14 %, augmentation de 1 franc par quart de degré.

Ces prix sont susceptibles de varier chaque année *suivant les cours des sucres*. Le prix de base de 21 fr. 75 correspondant à un sucre valant 37 fr. les 88°, Bourse de Lille, les prix varieront au prorata des cours des sucres.

Si, par exemple, le sucre augmente de 2 fr., la valeur de la betterave, prix de base, sera déterminée comme suit :

37 fr. correspondent à 21 fr. 75 }<br>39 fr. correspondent à X } donc X = 22 fr. 90

Les cours servant à fixer le prix de la betterave représenteront la moyenne des cours des mois de fabrication, soit du 1er octobre au 1er janvier.

Il sera loisible au cultivateur de demander la vente des sucres correspondant à la quantité de betteraves qu'il doit livrer avant la date fixée, et quand il le voudra, et d'après la quantité de sucre qu'il doit récolter approximativement.

(1) Le sucre à 88° saccharimétrique étant à 37 francs.

Art. 4. — Les 25 kilog. pris sur les voitures et servant à déterminer la tare serviront de même à faire l'analyse.

L'analyse des betteraves sera faite par le chimiste de l'usine. Le cultivateur aura toujours le droit d'assister à l'opération ou de faire faire l'analyse par un chimiste étranger, sur la moitié de l'échantillon qui aura été mis en réserve sur sa demande.

Pour chaque champ de betteraves déclaré par le cultivateur, i sera fait une ou plusieurs analyses dont la moyenne servira à déterminer le prix de la betterave pour la pièce entière.

La mention des corps dosés sur le bulletin d'analyse sera demandée et faite par les chimistes désignés, comme suit:

1° Densité à 15°

2° Sucre pour 100 grammes de betteraves d'après le saccharimètre *Laurent* au quotient de 95 °/₀.

Art. 5. — Les pulpes seront vendues au cultivateur à raison de 6 fr. pour une quantité de 30 °/₀ du poids de la betterave : la matière sèche garantie sera de 12 °/₀. Elles devront être enlevées à toute réquisition des fabricants.

Art. 6. — Le présent marché est valable pour une période de deux ans. Il sera déclaré nul si, avant ce laps de temps écoulé, il survient un changement dans l'assiette de l'impôt. .

Art. 7. — Le paiement aura lieu aux époques ordinaires, janvier et février,

Fait double et de bonne foi à , le 188 .

Nous connaissons les auteurs de ce traité : nous ne saurions trop les louer d'être entrés si franchement, si loyalement dans la voie nouvelle, qui seule peut tout à la fois venir en aide à la culture malheureuse et sauver de plus leur industrie, l'industrie sucrière, si sérieusement menacée, elle aussi, par la concurrence de pays où la main-d'œuvre coûte peu, et où toutes les industries, secondées par la science et par le capital, sont non moins puissantes que chez nous.

—

## CONCLUSION.

Payer cher la betterave riche est une voie nouvelle dans laquelle plusieurs fabricants de notre Département se sont engagés spontanément; c'est aux cultivateurs de se réunir, de s'entendre et de défendre leurs intérêts, dans la Somme.

Avec M. Nantier, nous les avons de notre mieux initiés aux nouveaux procédés de culture et de vente de la betterave à la richesse.

C'est aussi ce qu'avec beaucoup de zèle ont fait M. Comon, dans le Pas-de-Calais et M. Saint-André, dans l'Oise.

Nous croyons donc avoir démontré que l'industrie sucrière, favorisée par une loi libérale, peut aujourd'hui, nonobstant le bas prix des sucres, payer au cultivateur la bonne betterave un prix largement rémunérateur.

Nous croyons donc avoir fait quelque chose: aux cultivateurs et aux fabricants de faire le reste, de conclure des marchés et de se mettre franchement, loyalement à l'œuvre sans retard pour les exécuter.

—

## RÉSUMÉ.

### LA VENTE ET LES MARCHÉS.

1. — **La vente au poids brut.** — Ce système de vente, autrefois très pratiqué, quoique médiocre, doit être abandonné avec la nouvelle loi sur les sucres: il est temps aussi que la betterave à sucre soit vendue d'après sa richesse en sucre.

2. — **Vente à la densité ou à la richesse saccharimétrique.** — Au-dessus de 5°5, le dixième de degré se paie en général de 75 centimes à 1 fr. Si l'on vend à la richesse saccharimétrique, c'est le plus souvent à partir de 11 °/₀ de sucre que l'unité, c'est-à-dire, le kilog ou 1 °/₀ de sucre se paie de 4 à 5 fr., soit 1 fr. ou 1 fr. 25 par quart de sucre.

Quant au prix de base, il ne peut guère être que de 16 à 17 fr. à 5°5 de densité et de 22 fr. à 11 °/₀ de sucre du poids de la betterave.

3. — **Vente à prix variable avec le cours des sucres.** — Le sucre étant à 42 fr. et la betterave à 6° valant 22 fr., la betterave vaudra 22 fr. plus 30 centimes, ou 22 fr. 30, lorsque le cours du sucre sera à 43 ; et 22 fr. 60, si le sucre n° 3 monte à 44. Mais, au contraire, la progression descendante est appliquée si le cours du sucre vient à faiblir, c'est-à-dire à descendre au-dessous du prix de base de 42 francs.

Dans ce cas, chaque franc de baisse dans le cours du sucre donne lieu à une réfaction de 30 centimes dans le prix de la betterave.

4. — **Exemples de marchés.** — Les uns sont à la densité, les autres à la richesse saccharimétrique; et, à cause de l'instabilité dans le cours des sucres, la plupart de ces marchés sont, de plus, à prix variable avec le cours des sucres.

Mais, pour en bien saisir les avantages et les inconvénients, les cultivateurs doivent porter leur attention non-seulement sur le prix de base de la betterave et sur le prix de base du sucre, mais encore sur les conditions accessoires et spécialement sur les conditions de prix de la pulpe, d'époque de livraison, de mise en silo, de contrôle de la tare, du poids et de la densité.

---

# RÉSUMÉ GÉNÉRAL

---

## LES LOIS
## DE LA PRODUCTION SUCRIÈRE
PAR LA BETTERAVE.

---

### I. — Les Lois relatives à la culture de la Betterave riche.

**1. — Rapport entre le nombre de betteraves au mètre carré et le rendement à l'hectare.** — Le rendement en poids est proportionnel au nombre de pieds laissés au mètre carré.

Assez souvent, en effet, l'augmentation est de 2,000 kilog. par chaque pied laissé en plus au mètre carré: et cela, lorsqu'on élève le nombre des pieds de six à dix. Mais cette augmentation est encore de 1,000 kilog. par pied lorsqu'on porte ces derniers de dix à douze.

Ainsi, une betterave qui a été démariée à huit pieds au mètre carré et qui en aurait conservé six à l'arrachage, aurait donné, supposerons-nous, 30,000 kilog. à l'hectare. Dans les mêmes conditions de sol et d'engrais, elle aurait donné:

| | | | | | |
|---|---|---|---|---|---|
| 32,000 | kilogrammes avec | 8 | pieds | au mètre carré | |
| 34,000 | — | — 9 | — | — | |
| 36,000 | — | — 10 | — | — | |
| 37,000 | — | — 11 | — | — | |
| 38,000 | — | — 12 | — | — | |

Rien, aujourd'hui, n'est mieux démontré par l'expérience.

La raison en est connue: naturellement petite, la betterave

riche n'occupe complétement tout le terrain qui lui est consacré qu'à la condition d'être tenue dru, serré.

Si donc les lignes de betteraves sont espacées entre elles de 42 centimètres, les betteraves, dans les lignes, devront être seulement à la distance de 15 à 20 centimètres.

Pour obtenir des betteraves serrées, un autre système, que recommande beaucoup un fabricant instruit de l'Oise, M. Gallois, de Francières, consiste à mettre les lignes de betterave à des distances variables: à en mettre trois, par exemple, à trente centimètres seulement, et à mettre la quatrième à cinquante centimètres environ, la cinquième à trente et ainsi du reste.

Avec cette nouvelle combinaison, il est assez facile d'avoir douze betteraves au mètre carré: car, démariées à vingt centimètres seulement, le calcul démontre qu'on en aurait ainsi plus de quatorze, exactement 14,3.

Entre les troisièmes et les quatrièmes lignes, l'intervalle de cinquante centimètres est ménagé afin de rendre possible l'emploi de la houe à cheval.

Nous voudrions que ce système, encore fort peu pratiqué, fût essayé sérieusement.

Mais le nombre de pieds influe non-seulement sur le poids brut mais encore sur la richesse ou la densité de la betterave. Voyons:

**2. — Rapport entre le nombre de pieds à l'hectare et la densité.** — Lorsque, les pieds étant à six, sont portés à douze au mètre carré, la densité du jus de betterave augmente en moyenne d'un dixième par pied au mètre carré.

Ainsi, à six pieds du mètre carré, la densité du jus d'une betterave étant de six degrés (6°), cette densité sera de:

| | | | |
|---|---|---|---|
| 6°1 | lorsqu'on aura | 7 pieds | au mètre carré |
| 6°2 | — | 8 | — |
| 6°3 | — | 9 | — |
| 6°4 | — | 10 | — |
| 6°5 | — | 11 | — |
| 6°6 | — | 12 | — |

Au delà de cette limite, l'accroissement de la densité pourrait s'arrêter et même diminuer; car une betterave laissée trop serrée pourrait demeurer trop petite pour se défendre avec avantage contre la sécheresse du mois de juillet. Dans ce cas, la betterave mûrirait prématurément, pour repousser et perdre ainsi une partie de son sucre avec les premières pluies du mois d'août ou de septembre.

3. — **Le prix de la Betterave et son rendement.** — Pour qu'il y ait compensation dans la vente de la betterave riche, il faut que la progression croissante des prix soit assez forte pour faire équilibre à la progression décroissante des rendements.

La betterave à 5,5 de densité donnait, dans de bonnes conditions, 40,000 kilog. de l'hectare.

A vingt francs, c'était un produit d'une valeur de huit cents francs.

Remplacée par une betterave riche, d'une densité de 6°5 à 7 environ, le produit ne sera plus que de 28,000 kilog.

A 25 fr. le mille, c'est un produit de 700 fr., soit pour le cultivateur une perte de 100 francs.

Mais à 30 fr., la progression dans le prix est suffisante pour donner un produit de 840 fr., soit une augmentation d'une quarantaine de francs ou encore l'équivalent de 40,000 kilog. à 20 francs.

Ce principe de la compensation par une augmentation suffisante des prix de la betterave, afin de faire équilibre à la diminution de rendement, n'a pas été absolument bien compris par quelques cultivateurs des environs de Poix et d'Ercheu.

Les uns ont en effet traité à forfait au prix de 25 fr. pour de la graine allemande, cultivée à raison de dix au mètre carré.

Et, de plus, à la condition de prendre au moins 500 kilog. d'engrais par hectare au prix de 22 fr., sans que le fabricant garantisse la teneur en azote et en acide phosphorique.

Si bien que l'engrais livré au prix de 22 francs par la fabrique, pourrait n'en valoir que 14 et même beaucoup moins.

Quant aux autres cultivateurs qui ont traité à 18 fr. avec une augmentation de 2 fr. par unité d'excédent, on ne peut que les plaindre.

Si, par exemple, en effet, l'usine qui marche par diffusion, obtient 7 p. % de rendement, la betterave sera payée 20 fr. ; 22 fr. à 8; 24 à 9 et 26 à 10 de rendement.

Or, un kilogramme de sucre pour 100 kilog.. de betteraves, ou mieux 10 kilog. d'excédent pour 1,000 donnent une valeur, à 40 fr., de 4 fr.; et comme excédent de 5 fr., soit au total 9 francs.

Ainsi, l'habile fabricant paiera 2 fr. un produit qui en vaut 9: l'un, cette fois encore, s'est fait la grosse part, la part du lion; rien n'est plus propre à décourager le cultivateur et à compromettre de nouveau l'existence de notre grande industrie sucrière.

Mais il en sera autrement; car la plupart de nos fabricants sont entrés largement, loyalement dans une autre voie, dans une voie d'équité, de justice: ici nous sommes heureux de leur rendre hommage.

---

## II. — Les Lois relatives à la fabrication.

**1. — Rapport entre les frais de fabrication et le rendement industriel.** — Les frais à faire pour mettre en œuvre 1,000 kilog. de betteraves croissent en moyenne de 75 centimes par unité de rendement, c'est-à-dire de 1 fr. 50 ou du double par unité densimétrique.

Tels sont les chiffres donnés par M. Boire, directeur de l'importante usine de Bourdon (Puy-de-Dôme.)

Si donc une usine dépense 14 fr. par tonne de betterave d'un rendement de 6 p. % et d'une densité de 5,5 environ, elle en dépenserait 17 pour travailler une betterave d'un rendement de 10, c'est-à-dire d'une densité de 7 environ.

Ces frais varient très sensiblement avec les circonstances: c'est ainsi que M. Pellet ne signale qu'une augmentation de 2 fr. 50 pour le travail de la betterave riche, alors que M. Gallois veut que cette augmentation soit de près de 4 fr.; soit une augmentation de 2 fr. par degré densimétrique.

**2. — Les frais de fabrication et l'importance de**

**l'usine.** — Assez souvent, les frais de fabrication diminuent avec l'importance de l'usine.

C'est ainsi qu'une usine qui peut travailler vingt millions de kilogrammes de betteraves ne dépense en général que 13 fr. par tonne de betterave, alors qu'une usine qui ne fait que dix millions de kilogrammes en dépense 15, ou 2 fr. de plus.

Dans les deux cas se trouvent compris, bien entendu, l'intérêt de l'argent et l'amortissement; soit en tout 10 p. $^0/_0$ du capital engagé.

Les frais de fabrication augmentent aussi très sérieusement avec le prix du charbon et la quantité que consomme l'usine. En général, le prix oscille entre 14 et 22 fr. de la tonne, et la quantité brûlée entre 150 et 200 kilog. par tonne de betteraves travaillées.

3. — **Le rendement industriel et la richesse de la betterave.** — Les pertes en sucre sont en général de 3 à 4 p. $^0/_0$ du poids de la betterave. C'est ainsi qu'une betterave qui dose 10 de sucre en donne en général 6, ou 10 moins 4.

Une betterave qui a 14 p. $^0/_0$ de sucre en donnera donc de 10 à 11 : c'est en effet ce résultat qu'on obtient en Allemagne et en France.

---

## III. — Les Engrais, le Rendement et la Richesse de la betterave, ou les lois qui solidarisent plus spécialement les deux intérêts.

1. — **Les Engrais azotés et le rendement de la betterave.** — Le rendement de la betterave augmente de 1,000 kilog. par 3 kilog. d'azote avec de la betterave ordinaire, dont le jus marque de 5 à 5,5 de densité.

Avec de la betterave riche, d'un jus de 7°, il faut 4 kilog. d'azote pour assurer une augmentation de 1,000 kilog. de betteraves.

Or, 4 kilog d'azote à 2 fr., c'est une dépense de 8 fr., de 10 fr. au plus pour assurer une valeur de 30 francs.

**2. — Les engrais phosphatés. —** La densité augmente d'un dixième par 20 kilog. d'acide phosphorique employé.

Ainsi, une betterave sans phosphate, dont le jus marquerait au densimètre 6°, en marquera 6 plus un dixième ou 6°1 avec une addition aux engrais de 20 kilog. d'acide phosphorique.

Or, 20 kilog. d'acide phosphorique à 80 centimes, c'est une depense de 16 fr., et, en donnant au dixième une valeur de 1 fr., c'est une augmentation de valeur de 32 fr. pour un rendement de 32,000 kilogrammes.

Ainsi une dépense de 16 fr. rapporte 32 fr. ou le double.

Et encore restera-t-il dans le sol, pour les récoltes suivantes, près de la moitié de la quantité de l'acide phosphorique employé.

De plus, il est constant que le rendement en poids de la betterave augmentera de 7 à 800 kilog. par 20 kilog. d'acide phosphorique.

Assurément il ne faut abuser de rien ; mais il est certain que jusque-là nous avons trop peu employé les phosphates dans la culture de la betterave à sucre.

Tant qu'on a vendu la betterave au poids brut, cette négligence a trouvé une excuse : avec la betterave riche, une pareille négligence serait une grande faute.

En résumé, dans la culture de la betterave riche, une dépense de 100 fr. en azote, soit 40 kilog., augmentera le produit de la betterave de 10,000 kilog., soit, à 25 fr. seulement, une augmentation de 250 francs.

Et avec une dépense en acide phosphorique de 50 fr., soit 60 kilog., on aura une plus-value de 3 degrés, soit 100 fr. environ pour un rendement de 30,000 kilog., et à raison de 1 fr. d'augmentation par dixième.

Jamais donc argent ne sera mieux employé, placé à plus gros intérêt par le cultivateur. Mais ce dernier, depuis 4 à 5 ans, n'a pas gagné d'argent ; il lui serait donc difficile, abandonné à ses propres forces, de faire des achats d'engrais tant soit peu considérables, et pourtant le salut commun est à ce prix ; de là l'utilité de l'entente, de l'union entre le fabricant et le cultivateur, pour donner au marchand d'engrais des garanties sérieuses : là peut-être est une des meilleures formes du crédit agricole.

# TABLEAUX

RELATIFS AU PRIX, AU RENDEMENT DE LA BETTERAVE ET A L'ÉPUISEMENT DU SOL DANS LEURS RAPPORTS AVEC LA DENSITÉ.

D'APRÈS M. PAGNOUL,
Avec les prix de la fabrique de Pommiers.

| DENSITÉ du JUS. | RENDEMENT présumé par HECTARE. | PRIX de la fabrique de POMMIERS, près Soissons. | SUCRE % de la BETTERAVE | ÉPUISEMENT DU SOL. | | |
|---|---|---|---|---|---|---|
| | | | | Sels alcalins | Azote. | Valeur des engrais enlevés. |
| 5°,0 | 50,000k | 12 | 9k,5 | 250k | 150k | 400f |
| 5°,5 | 46,000 | 16 | 11 ,0 | 207 | 114 | 311 |
| 6°,0 | 43,000 | 22 | 12 ,2 | 172 | 103 | 275 |
| 6°,5 | 40,000 | 28 | 13 ,5 | 140 | 88 | 232 |
| 7°,0 | 38,000 | 34 | 15 ,0 | 114 | 76 | 198 |
| 7°,5 | » | 41,50 | » | » | » | » |

D'APRÈS M. VIVIEN,
Avec les prix de la fabrique de Milampart.

| DENSITÉ du JUS. | SUCRE par 100 de BETTERAVES. | SUCRE extractible (2/3 blanc, 1/3 rouge), par 100 kil. de betteraves sans traiter les mélasses | | | PRIX de la fabrique de Milampart près Soissons. |
|---|---|---|---|---|---|
| | | avec les presses hydrauliques | avec les presses continues. | par diffusion. | |
| 5°,0 | 9k,22 | 5k,43 | 5k,71 | 6k,05 | 12f |
| 5°,5 | 10 ,32 | 6 ,40 | 6 ,69 | 7 ,05 | 17 |
| 6°,0 | 11 ,45 | 7 ,42 | 7 ,72 | 8 ,09 | 22 |
| 6°,5 | 12 ,63 | 8 ,49 | 8 ,79 | 9 ,17 | 27 |
| 7°,0 | 13 ,80 | 9, 56 | 9 ,87 | 10 ,25 | 34 |
| 7°,5 | » | » | » | » | 41 |

Ces prix s'entendent pour le sucre à 40 fr. en fabrique : chaque franc de hausse ou de baisse donnant lieu aux augmentations ou aux diminutions suivantes :

| | | | |
|---|---|---|---|
| de 5,5 à 6 | 0f,24 | de 6,5 à 7 | 0f,40 |
| 6 6,5 | 0f,30 | 7 | 0f,50 |

(L. BRUNEHAUT.)

# TROISIÈME PARTIE

---

## LE CALENDRIER

DU

## CULTIVATEUR DE BETTERAVE A SUCRE

---

### IMPORTANCE DE L'EXÉCUTION DES TRAVAUX EN TEMPS CONVENABLE.

La culture de la betterave comporte des travaux nombreux et variés, qu'il importe d'exécuter en temps convenable, sous peine d'en obtenir des résultats médiocres.

Mis trop tard, par exemple, le fumier rend la betterave racineuse et en paralyse la maturité.

Il y a une *époque* pour tous les travaux qui est meilleure qu'une autre. Un bon cultivateur le sait ; mais il est utile de le rappeler à sa mémoire : c'est le but que nous nous sommes proposé en rédigeant ce Calendrier, aide-mémoire des travaux à exécuter, saison par saison, mois par mois.

---

### LECTURE.

#### DE L'OPPORTUNITÉ DES FAÇONS CULTURALES.

Nous rappelons à ceux qui l'ont oublié ou qui l'ignorent, que la bonne culture consiste bien plus dans l'opportunité des façons que dans leur multiplicité.

Déchaumer à propos et de bonne heure, labourer par du bon temps et laisser aux influences atmosphériques le soin de mûrir la terre et de désagréger les mottes : voilà le bon système. — *Notes de voyage en Allemagne.*

SÉVERIN,

*Vice-Président du Comice de Saint-Quentin.*

# LIVRE I

## LES MOIS D'HIVER.

---

### PRODUCTION DU FUMIER ; SUITE ET FIN DE LA PREMIÈRE PRÉPARATION DU SOL.

### I. — DÉCEMBRE.

1. — **Engraissement du bétail à la pulpe.** — Le complément obligé de la pulpe, c'est le tourteau. — Au début de l'engraissement, il faut, par tête de cinq cents kilogrammes, une cinquantaine de kilogrammes de pulpe de diffusion et un bon kilogramme de tourteau. A mesure que l'engraissement avance, on augmente le tourteau, le portant successivement à 1 kilog. 500, 2 kilog., et enfin 3 kilog. Dans le dernier mois, deux à trois cents grammes de graine de lin sont aussi fort utiles.

2. **Emploi de la tourbe comme litière.** — Afin d'avoir un fumier court pour betterave, il est souvent avantageux en hiver d'employer comme litière la tourbe, la sciure de bois et la paille coupée en trois. Un pareil engrais, s'il en est besoin, s'emploiera au printemps pour betterave à sucre.

3. — **Les conditions de marché et améliorations agricoles.** — C'est pendant les longues soirées d'hiver que le cultivateur, toujours animé du désir de mieux faire, étudiera avec soin les conditions de marché, les améliorations agricoles et les prix de revient.

### II. — JANVIER.

1. — **Les façons culturales.** — C'est vers le 15 au plus tard, qu'il faut s'efforcer d'en avoir fini avec les labours

profonds et l'emploi des fumiers qui doivent être enfouis à la charrue.

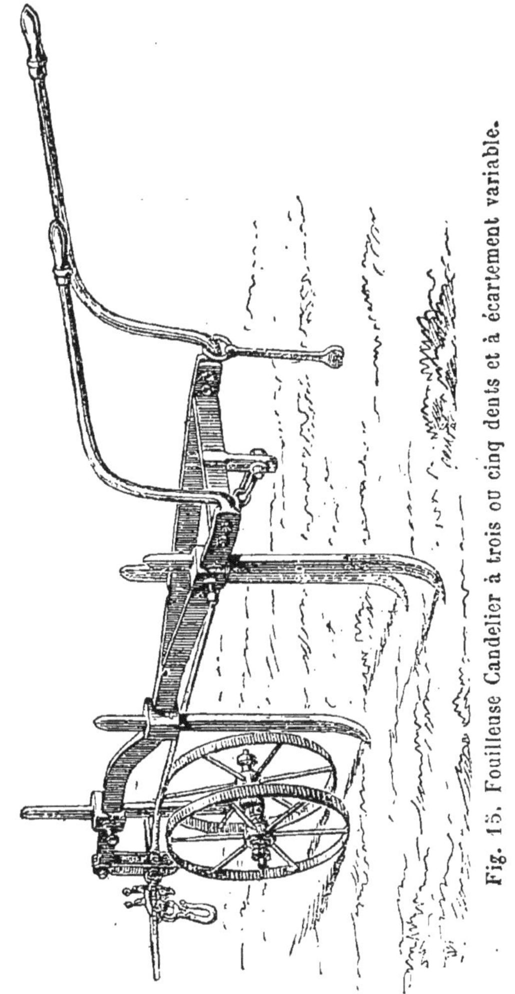

Fig. 15. Fouilleuse Candelier à trois ou cinq dents et à écartement variable.

**2. — Un essai de semis à faire pour porte-graine.** — Si le temps est beau et que la terre soit ressuyée, il est bon de faire l'essai, sur un are ou deux, de graines de betteraves riches, pour créer peu à peu, à l'exemple de M. Masclef, de Loison, une sous-variété de betterave lente à monter à graine ; car semées à cette époque, il en montera beaucoup, qu'ultérieurement on éliminera comme porte-graine.

3. — **Semis à faire après betteraves.** — En novembre, c'est le blé *Goldendrop ;* en janvier et février le *blé bleu*, le *blé de Bordeaux* et l'*orge Chevalier*. La saison est avancée, il faut prendre des variétés hâtives.

## III. — FÉVRIER.

1. — **Visiter les silos de racines.** — Par un temps sec et doux, il faut ouvrir les cheminées ou soupiraux, afin de renouveler l'air et de chasser ainsi l'humidité et l'acide carbonique.

2. — **Emploi du tourteau comme engrais.** — Il faut en faire l'épandage sur gros labours, à la dose de 1200 kilogrammes de l'hectare, comme étant l'équivalent de 25 à 30,000 kilogrammes de fumier de ferme.

3. — **Les préparations tardives du sol.** — Les terres destinées à la culture de la betterave, et qu'on aurait été dans l'impossibilité de travailler avant l'hiver, doivent, dans tous les cas, et avant d'être labourées au printemps, être extirpées et hersées avec soin.

—

## LECTURE.

### DE LA COMPENSATION PAR LES CLAUSES OU CONDITIONS DE MARCHÉ.

Pour arriver à des conclusions impartiales, il faut, dans l'étude des conditions de marché, porter son attention sur toutes les clauses, afin d'arriver à déterminer dans quelle mesure il peut y avoir compensation entre certaines clauses médiocres ou mauvaises pour l'une des parties, et d'autres clauses, au contraire, qui lui seraient favorables.

Les circonstances expliquent toujours, et souvent justifient, ces différences dans les conditions et dans les prix.

C'est ainsi que, dans le Nord, où la culture est fort avancée et où l'engraissement se fait sur une grande échelle, la pulpe de diffusion n'est pas cotée moins de 6 fr. aux cultivateurs fournisseurs de betteraves, alors que dans la Somme on la côte 5, et seulement 3 dans Seine-et-Oise, à la sucrerie de Douaville, par exemple.

Nous résumons en quelques lignes les principales conditions sur lesquelles devra se porter l'attention des intéressés, du cultivateur et du fabricant.

1° *Prix des pulpes* de diffusion aux mille kilogrammes et à 12 p. °/₀ de matières riches, 3, 4, 5 ou 6 francs.

2° *Prix de base* de la betterave à 6°, 20 fr. seulement, mais 33 fr. la betterave à 7°.

3° La densité et la richesse saccharimétrique. — On râpe gros et on presse peu, tant mieux pour le fabricant; on râpe fin, au contraire, et on presse fort, tant mieux pour le cultivateur. Enfin on râpe fin et on presse peu, et il y a à peu près compensation. (Voir le journal des fabricants de sucre, n° du 31 décembre 1884.)

4° Le prix de la betterave varie avec le cours des sucres. — Fort bien, mais telle fabrique ne paie que 21 fr. la betterave à 6°, avec une augmentation de 25 centimes par franc de hausse dans le cours des sucres, à partir de 40 fr. — Telle autre fabrique, au contraire, paie 22 fr. la betterave à 6°, soit un franc de plus; mais elle n'augmente le prix de la betterave que de 20 centimes, et seulement à partir de 45 fr. Faites le compte, et ensemble nous donnerons la préférence au prix qui paraissait le plus faible.

JUSTUS BONNEFOY.

# LIVRE II

## LES MOIS DE PRINTEMPS.

---

### FIN DE LA PRÉPARATION DU SOL ; SEMIS ET PREMIER BINAGE.

### I. — MARS.

*Les premiers semis et travaux divers.*

1. — **Semis en pépinière de Rutabaga.** — Ces rutabagas seront repiqués fin mai, s'il en est besoin, dans des betteraves d'une levée irrégulière. On ne saurait user avec avantage de ce procédé que dans les petites cultures, où on a moins à compter avec le prix de la main-d'œuvre.

2. — **Surveiller les silos de porte-graine de betteraves.** — A cet effet, il faut entrouvrir le silo tous les trois ou quatre mètres : s'il y a fermentation, la température du silo sera trouvée plus élevée. Dans ce cas, il faut prendre les racines une à une, afin d'en éliminer les gâtées ou pourries.

3. — **Risquer, dans le Nord, quelques semis à la fin du mois.** — Ce n'est qu'en sol léger et complétement ressuyé qu'un premier essai de semis peut être tenté.

4. — **Semis d'avoine.** — Après la betterave, l'orge et l'avoine se trouvent dans de bonnes conditions, car le sol est suffisamment riche et propre.

5. — **Travaux divers.** — Continuation des hersages et des autres façons superficielles. Plantation des porte-graine à soixante-dix centimètres et épandage des engrais de commerce, des superphosphates de chaux et des tourteaux surtout, qui n'agissent bien qu'autant qu'ils sont employés au moins une quinzaine avant la semaille.

## II. — AVRIL.

1. — **Emploi du scarificateur.** — A l'approche des semis de betteraves, il faut éviter l'emploi d'instruments qui, en retournant la terre, ramèneraient au-dessus du sol les graines de mauvaises plantes. C'est dans ce cas qu'il faut employer le *scarificateur*, c'est-à-dire une sorte de herse montée sur trois roues et armée d'une quinzaine de fortes dents.

2. — **Semis de betteraves.** — Par un beau temps et en sol ressuyé, il faut, sans plus tarder, procéder aux premiers semis de betteraves. On emploie 25 kilogrammes de graines par hectare.

Alors aussi il faut achever la mise en terre des betteraves porte-graine.

3. — **Les engrais en ligne.** — Lors de la semaille, il ne faut employer en ligne que des engrais bien pulvérulents et à la faible dose de cent kilogrammes par hectare au plus.

Cet emploi se fait à cinq centimètres au-dessous des graines, ou à droite et à gauche des lignes.

Dans le cas de l'épandage au-dessous des graines, un écueil est à éviter, surtout par un temps sec : c'est la trop grande légèreté du sol.

## III. — MAI.

1. — **Continuation des semis de betteraves.** — C'est dans la première quinzaine du mois qu'il faudrait faire les derniers semis de betteraves à sucre.

Ces semis, relativement tardifs, c'est-à-dire ceux qui sont faits après le dix, réussiront, mais à la condition de semer plus drû, et de plus :

1° De faire choix de variétés plus courtes, et ainsi plus hâtives ;

2° D'employer des engrais plus phosphatés ;

3° Et enfin, lors du démariage, de les tenir plus serrées dans les lgines, à 15 ou 16 centimètres, au lieu de 18 à 20.

2. — **Premier sarclage.** — Il faut biner une première

fois les betteraves à l'apparition des premières feuilles, au moyen de la binette ordinaire, ou mieux de la binette à pousser de M. Viet.

3. — **Démariage.** — C'est lors de ce travail que le cultivateur doit redoubler d'activité : il faut qu'il voie tout, qu'il soit partout ; sinon, laissées à trop grandes distances, de 25 à 30 centimètres dans les lignes, au lieu de 15 à 20, ces betteraves donneront sept à huit mille kilogrammes de moins par hectare avec une densité plus faible de quatre à dix dixièmes.

Il faut que le cultivateur, ici, se débarrasse de certains préjugés, et qu'il combatte bravement ceux des autres : il y va du succès de sa culture, de son avenir peut-être.

4. — **Essai des semis en lignes placées à des distances inégales.** — Ce système consiste à disposer les rayons du semoir pour que les lignes de betteraves riches soient placées en groupe et à des distances variables ou inégales : trois lignes consécutives, par exemple, étant à trente centimètres seulement, la quatrième est à cinquante ou cinquante-cinq.

C'est entre ces interlignes à grande distance, que le cheval attelé à la houe circulera facilement. Dans ces conditions, il sera possible, comme M. Dufay, d'obtenir de douze à quinze betteraves au mètre carré.

5. — **Essai d'emploi du fumier en couverture.** — Il faut, pour cet essai, disposer de fumier court fait au moyen d'une litière spéciale comme la tourbe ou d'une paille coupée en trois parties. — Laissé en couverture ou mieux fort peu enterré, ce fumier ne fera pas prendre à la betterave une forme irrégulière.

—

## LECTURE.

### LA PRÉPARATION DES GRAINES SEMÉES TARDIVEMENT.

Quelquefois la terre ne se ressuie pas assez tôt pour permettre de semer de bonne heure, et il faut attendre le mois de mai : c'est là, nous l'avons dit, une mauvaise condition de semaille.

La betterave germe lentement et il lui faut de 15 à 18 jours pour apparaître à la surface. Nous avons remarqué que l'on pouvait obvier à l'inconvénient des semailles tardives en faisant préalablement germer la graine, en la maintenant dans un tonneau avec de l'eau à la température de 30 ou 35° pendant quelques heures. Quand la graine est gorgée d'eau, on fait écouler celle-ci au moyen d'un double fond et l'on obtient ainsi une graine qui germe facilement en 48 heures. Si on emploie cette graine ainsi germée, que l'on appelle « la graine préparée », elle sort de terre immédiatement ; il ne faut pas plus de trois jours pour avoir une levée presque complète. Voilà donc une méthode qui permet aux cultivateurs et aux fabricants, quand les semailles ont été tardives, de gagner une quinzaine de jours.

Il existe une autre pratique, que je dois rappeler, et qui consiste à praliner les graines : il est reconnu qu'elles ont besoin, au début de la germination, d'une assez grande quantité d'acide phosphorique et de chaux ; nous avons fait des expériences multiples, desquelles il résulte que, quand on enrobe les graines dans le phosphate de chaux précipité, c'est-à-dire dans un phosphate de chaux porté à un état d'assimilabilité assez grand, on obtient une levée plus régulière, et la betterave est en état de résister plus facilement aux attaques des insectes : c'est là un résultat intéressant et sur lequel j'ai cru devoir appeler votre attention. — *Congrès Betteravier de* 1882.

PAGNOUL,

*Directeur de la Station agronomique du Pas-de-Calais.*

---

# LIVRE III

## LES MOIS D'ÉTÉ

---

### CONTINUATION DES BINAGES ET DES DÉMARIAGES.

#### I. — JUIN.

La *houe à cheval* doit alterner avec la binette ordinaire et la binette à pousser. — Il faut éviter d'employer des engrais pulvérulents en *cours* de végétation, car ils nuisent à la richesse de la betterave.

#### II. — JUILLET.

Au commencement du mois, on peut passer une *dernière fois* avec la houe à cheval. C'est pendant ces deux mois, et alors qu'il fait sec surtout, que la mouche de la betterave, ou l'anthomie, cause des *ravages sérieux*.

#### III. — AOUT.

C'est bien à tort que quelques cultivateurs se livrent en août à *l'effeuillage* partiel de leurs betteraves à sucre : ainsi traitées, les betteraves donnent peu de poids et encore moins de sucre.

---

## LECTURE.

### LA MOUCHE DE LA BETTERAVE. *(Anthomia betæ.)*

Une maladie grave s'est déclarée cette année sur la betterave. Toutes les feuilles devenues grises et transparentes étaient comme desséchées par un soleil brûlant, et partout le mal avait pour unique cause la larve, c'est-à-dire le ver d'un petit insecte qui se loge, pour en vivre, dans l'épaisseur des feuilles de betteraves : nous voulons parler de l'anthomie.

Cet insecte appartient à l'ordre des diptères. Aussitôt la levée de la betterave, une petite mouche apparaît et vient déposer des œufs sous les feuilles. Ces œufs ne sont pas souvent remarqués à cause de leur petite dimension ; ils sont d'un blanc terne, ayant environ un millimètre et demi de long sur un demi-millimètre de largeur. Leur nombre par feuille est illimité. Ils sont tous disposés parallèlement. Au bout de 3 ou 4 jours ils donnent naissance à de petits vers sans pieds, blancs, ridés circulairement, longs de 5 millimètres. Ils ne sont pas sitôt sortis de l'œuf qu'ils pénètrent dans le parenchyme de la feuille et en font leur nourriture : alors, la végétation de la betterave est essentiellement ralentie, et au moindre rayon du soleil la feuille se dessèche et présente un aspect qui fait que certaines personnes attribuent cette maladie aux influences atmosphériques. Si l'on tient en l'air et que l'on considère une feuille dans laquelle un de ces mineurs s'est établi, on voit l'ouvrier forer continuellement la membrane végétale. Sa tête est armée d'un crochet, formé de deux pièces cornées, et il pioche avec son rostre dans le parenchyme de la feuille. L'effet de ses coups est visible, car les endroits sur lesquel ils tombe prennent peu à peu de la transparence, chaque coup détache une petite portion de la substance de la feuille; c'est de cette façon que nos mineurs se creusent une galerie et trouvent le couvert, le vivre et la sécurité. Les uns se changent en nymphe dans la galerie même qu'ils se sont creusée ; les autres sortent des feuilles lorsqu'ils sont près de leur dernière transformation.

De 18 à 20 jours après leur éclosion, ces vers ne prennent aucune nourriture ; leur peau change d'aspect et, 24 heures après, ils se métamorphosent en nymphe. La chrysalide de l'Anthomie est brune et donne naissance au bout de 20 jours à une mouche qui va former une nouvelle génération. Ce diptère est d'un cendré blanchâtre, ses ailes sont hyalines. La betterave n'est pas la seule plante qui nourrisse cette larve ; car j'en ai remarqué sur d'autres plantes appartenant à des familles différentes, sur les *Rumex* ou oseilles sauvages et sur les chardons. Les betteraves les plus attaquées ont été sans contredit les betteraves à sucre;

les autres se sont moins ressenties des ravages de l'Anthomie. L'insecte met donc environ 45 jours pour subir sa métamorphose: de sorte que trois générations peuvent se succéder pendant la période du développement de la betterave. A l'automne, les dernières chrysalides n'éclosent pas, elles cherchent un endroit où elles puissent hiverner facilement en attendant que les rayons du soleil du printemps raniment la nature engourdie par les longs froids de l'hiver. Les moyens de destruction ne sont pas encore bien connus : le seul moyen que l'on puisse préconiser est l'acide azotique étendu aux quatre centièmes. Je l'ai essayé en petit, et j'ai réussi : reste à savoir si l'on obtiendra le même résultat dans la grande culture. Il faudrait l'employer par un temps sombre sous forme d'arrosement, aussitôt la levée de la betterave. Les feuilles absorbent le liquide, le ver quitte ses galeries et peu de temps après il meurt : plus la betterave est jeune, plus on a de chance de réussir.

TUTOIR,

*Ancien élève de l'École nationale de Grignon,*
*Cultivateur propriétaire à Gueschart* (Somme).

---

# LIVRE IV

## LES MOIS D'AUTOMNE

---

### L'ARRACHAGE ; LA LIVRAISON ET LA MISE EN SILOS.

### I. — SEPTEMBRE.

**1. — Les arrachages de betteraves.** — C'est vers le huit septembre que les premiers arrachages, à la demande de la fabrique, pourront avoir lieu.

Les betteraves courtes, semées en avril, tenues serrées, seront mûres de bonne heure.

**2. — Conditions des premières livraisons.** — Quelques fabriques, dans le but d'assurer au début leur approvisionnement, accordent une prime de soixante-quinze centimes à un franc par tonne de betteraves livrées pendant la première quinzaine de fabrication.

Dans tous les cas, pour en déterminer la valeur, il faudra en prélever échantillon avec impartialité et en faire la densité avec soin.

**3. — Déchaumage.** — Encore trop peu pratiqués jusque-là les déchaumages présentent pourtant des avantages considérables.

On ne saurait les commencer trop tôt, pour peu qu'on en ait le temps et que le sol ait été detrempé par les premières pluies de la fin de l'été. Alors il fait encore chaud et les graines des mauvaises plantes n'en germent que plus rapidement, mais à la condition de ne les enterrer que fort peu, au moyen de façons superficielles réitérées.

## II. — OCTOBRE.

**1. — Continuation des livraisons.** — C'est en octobre qu'il faut avec activité procéder à l'arrachage des betteraves et en transporter une partie à la fabrique.

Alors les jours sont plus longs et le temps meilleur.

A la teinte jaunissante des feuilles, on reconnaîtra que la végétation est arrêtée et que les betteraves sont complétement mûres. Il ne saurait en être autrement, si les betteraves ont été semées avant le dix mai, si l'acide phosphorique a été employé à dose suffisante et si, lors des binages, on a laissé de dix à douze betteraves au mètre carré.

Pour faire la densité, employer une râpe rationnelle comme la râpe Lhomond, figure 16.

Fig. 16. Râpe rationnelle de Lhomond et Pellet.

2. — **Choix des types pour porte-graine.** — Un bon porte-graine, quoi qu'en disent certains producteurs du Nord, ne doit pas peser moins de quatre à cinq cents grammes. La couleur des porte-graine n'a certainement qu'une importance secondaire. Pourtant, nous ne devons pas oublier que les betteraves blanches, selectées depuis plus longtemps en vue de la production du sucre, jouissent d'une plus grande puissance d'hérédité, c'est-à-dire que les qualités qu'elles ont, elles les transmettent plus sûrement.

Rappelons de plus que la betterave porte-graine doit avoir une forme régulière, qu'elle ne doit pas être racineuse et qu'elle doit plonger bravement dans un bain d'une densité de 1040 à 1050, c'est-à-dire que le jus devra avoir une densité de 1060 à 1070.

## III. — NOVEMBRE.

1. — **Achat de pulpe.** — Sans engrais riche et abondant, pas de culture lucrative de betterave. Or, pas de bons engrais sans nourriture riche : aussi le cultivateur de betteraves doit-il réclamer à un prix modéré la quantité de pulpe à laquelle il a droit.

A 12 p. % de matières sèches et à quatre ou cinq francs, la pulpe de diffusion est un aliment économique.

2. — **Achat des écumes de défécation.** — C'est à tort que les cultivateurs ne prennent livraison des écumes qu'après les avoir laissées fermenter et ainsi s'appauvrir auprès de la sucrerie : fraîches, elles dosent de 3 à 4 p. 1000 d'azote, alors que plus tard et bien que sèches, elles ne doseront plus que deux, ou la moitié.

3. — **Mise en silos des betteraves.** — En installant les betteraves en silo, il faut avoir soin de ménager un conduit pour assurer l'aération de la masse. L'entrée en sera placée au pied du sol et la sortie dans le haut.

Par la pluie et par un temps froid, on ferme les deux bouches du conduit.

Une couche de terre bien tassée et d'une épaisseur de trente à trente-cinq centimètres est suffisante contre les hivers ordinaires, c'est-à-dire dont les gelées dépassent rarement douze à quinze degrés centigrades.

4. — **Pertes des betteraves mises en silos.** — Les betteraves en silos perdent, en moyenne et par mois:

1° Trois p. °/₀ de leur poids ;

2° 500 grammes de sucre par 100 kilogrammes de betteraves (M. Vivien) ;

3° Et soit en densité 2 dixièmes 1/2. En janvier et par temps doux surtout, les betteraves perdent sensiblement plus qu'en novembre et décembre.

—

## LECTURE I

### PERTE DE POIDS ET DE SUCRE PENDANT L'ENSILAGE.

Nous pouvons considérer la perte de poids comme étant fonction de la perte en sucre ; par l'acte de la respiration, les betteraves consument du sucre en donnant lieu à un dégagement d'acide carbonique et d'eau. On peut évaluer le sucre consumé pendant une période de trente jours comme étant égal à 5 kilogrammes par 1,000 kilogrammes de betteraves.

Cette proportion est exacte pour les premiers mois d'ensilage ; au delà, la proportion est plus grande, surtout quand la température moyenne de décembre et de janvier est élevée. En même temps qu'il y a diminution du sucre, il y a altération de la pureté du jus et la quantité de sucre extractible va en diminuant proportionnellement ; elle passe de 60 °/₀ à 58, puis à 55, 51 et 45 °/₀ du sucre total initial contenu dans les betteraves en travaillant avec les presses hydrauliques, suivant que l'on considère chacun des mois de conservation, octobre, novembre, décembre, janvier et février. C'est ainsi que nous avons constaté, en 1867-68, après 100 jours d'ensilage, que des betteraves qui contenaient primitivement 11,52 p. °/₀ de sucre, n'en contenaient plus que 7,70, soit une perte de 3 kilog. 12 p. °/₀ kilogrammes de betteraves, et la quantité de sucre extractible n'était plus que de 5,20, soit 45 p. °/₀ de la quantité de sucre initial.

La perte en eau peut être un peu plus considérable que celle en sucre, lorsque les silos sont aérés par de l'air sec, ou lorsque les betteraves étant un peu échauffées, on les fait retourner par une belle journée ; dans ce cas, la perte du poids peut atteindre dix pour cent. — *Traité complet de la fabrication du sucre en France.*

VIVIEN,

*Chimiste et fabricant de sucre à Saint-Quentin.*

---

## LECTURE II

### IMPORTANCE DES FORTES FUMURES.

Au moment où l'entente entre la Culture et la Sucrerie semble s'opérer, il importe de ne pas faire fausse route dans la marche à suivre pour obtenir une bonne récolte : à tout prix il faut éviter aux intéressés des déceptions qui seraient d'autant plus cruelles que les espérances sont plus grandes.

A cet effet, il importe de ne pas faire une application stricte de la méthode allemande; car il faut bien tenir compte de la différence de nature, d'état et de fertilité des sols des deux pays.

Les nôtres, généralement plus compacts, s'accommoderont toujours bien d'une demi-fumure en engrais de ferme très décomposé, et enterré avant l'hiver; mais elles ne comportent certainement pas l'usage du nitrate au delà de 2 à 300 kilog. à l'hectare : quantité à laquelle se limitent, du reste, les conseils donnés par la sucrerie sur l'emploi de son engrais chimique. Cet engrais, on le sait, est en général formé de 200 kilog. de nitrate et de [illegible]00 kilog. de superphosphates.

Si, avec un pareil engrais, la quantité d'acide phosphorique nécessaire pour assurer une densité moyenne de 7°, est fournie au sol, il est loin d'en être de même pour l'azote ; car la betterave riche en demande, pour se bien développer, environ 4 p. ‰ du poids de la récolte cherchée. Si le sol ne contient pas cette dose, elle ne peut, en sa courte et rapide végétation, arriver à son développement normal : elle n'utilise point, par suite, l'acide phosphorique mis à sa disposition. D'où résulte forcément un défaut de rendement qui mettra le cultivateur en perte.

Aussi telle est l'importance des fortes fumures que, seules, elles exerceront toujours une influence considérable sur les prix de revient.

En effet, pour avoir mille kilog. de betterave, il faut dépenser :

| | |
|---|---|
| 1° 4 kilog. d'azote à 2 fr., soit | 8 fr. 60 |
| 2° 3 kilog. d'acide phosphorique à 0 fr. 80 cent. | 2 fr. 40 |
| Dépense en engrais par tonne de betteraves. | 11 fr. 00 |

Ainsi une dépense de 11 fr., de 12, au plus, augmenterait en général le rendement par hectare de 10.000 kilog. de betteraves ; le produit n'aurait-il qu'une valeur de 20 à 25 fr. de la tonne que jamais on ne pourra faire un meilleur placement de son argent.

Qu'on mette seulement 120 kilog. d'azote, en n'employant que deux engrais, — le fumier et un engrais chimique, — et la récolte, à raison de 4 kilog. d'azote, sera de 25.000 kilog. à l'hectare.

Qu'on emploie au contraire trois engrais, — les deux premiers, *plus un engrais organique complet*, afin d'avoir 140 kilog. d'azote, — et l'augmentation de produit sera de 10.000 kilog. ou le quart de 40 multiplié par mille.

Or, dans le premier cas, l'opération se balancera presque toujours en perte ; alors que dans le second, au contraire, un bénéfice est assuré : ainsi, fumer *fort* coûte cher ; mais *mal fumer* coûte plus cher encore.

LEFEBVRE.

# LEXIQUE ET SUPPLÉMENT

## A

**Achard.** — Chimiste d'origine française, mais né à Berlin en 1754. En 1796, le premier, il monta, en complétant et en appliquant les théories de Margraff, une sucrerie qu'il installa sur les bords de l'Oder. Il put en obtenir le sucre au prix de 4 fr. de la livre (8 fr. du kilog.). Que de progrès réalisés depuis: le sucre, aujourd'hui, revient à 20 cent. la livre seulement ou 40 cent. le kilogramme.

**Angleterre.** — Il n'y a dans ce pays aucun droit sur les sucres; aussi la consommation y est-elle de 920 millions de kil., soit 31 kilog. par personne et par an. Elle n'est chez nous que de 400 millions à peine, soit 8 kilog. par personne. Une seule fabrique de sucre, qui ne marche plus, a été construite en Angleterre.

## B

**Brix ou Balling.** — On nomme Densité Brix ou Balling, du nom des chimistes qui en ont vulgarisé l'idée, le tant p. °/₀ de sucre du jus de betterave augmenté de la matière sèche soluble, qui n'est pas du sucre.

Exemple: Un jus accuse au saccharimètre 12 °/₀ de sucre, et le non-sucre sec est de 2,5; donc le degré Balling est de 12 + 2,5 ou 14,5.

C'est ce qu'on reconnaîtra au moyen d'un densimètre centésimal Balling.

## C

**Coefficient Salin.** — C'est le rapport du sucre aux sels. Exemple: $\frac{10,10}{0,738} = 15.04$. — Une bonne betterave a beaucoup de sucre et peu de sel: d'où un coefficient salin fort élevé.

**Coefficient de pureté.** — C'est le rapport qui existe entre le sucre en poids et les substances dissoutes totales. Ex.:

$$\frac{\text{sucre}}{100 - \text{eau}} \text{ ou } \frac{11,10}{100 - 85,31} = 0,748;$$

qu'on écrit 74,81. Si la betterave est bonne, elle a beaucoup de sucre et relativement peu de matières autres que l'eau: dans ce cas, le coefficient de pureté en est fort élevé, de 74, 75, 76 et jusqu'à 90. Ce dernier coefficient est tout à fait exceptionnel.

Pour trouver 100 — eau, il faudrait se livrer à une opération de dessiccation assez longue; aussi se contente-t-on, en général, à l'exemple de M. Dehérain, le savant chimiste de Grignon, d'appliquer, pour trouver le coefficient de pureté, la formule suivante;

$$C = \frac{\text{sucre}}{70 \times 0{,}263},$$

pour un jus d'une densité de 1,070.

Le chiffre de 70 représente les deux derniers chiffres de la densité. En le multipliant par 0,263, on en prend approximativement le quart.

Ce quart représente le non sucre; le reste, c'est-à-dire environ les trois quarts, représente approximativement l'augmentation de densité due au sucre. Or, nous le savons, plus le chiffre du sucre, qui est l'antécédent du rapport, est élevé, plus le rapport sera fort. Ce rapport augmentera encore avec la diminution du non-sucre.

**Collet de betterave.** — C'est la partie supérieure de la racine. Elle donnait insertion aux feuilles. Quand une betterave décolletée a 10 °/₀ de sucre, le collet en général n'a que 6, et alors que la première à 7 °/₀ de cendre, avec une valeur proportionnelle de 8,43, le second en a 8, avec une valeur proportionnelle de 3,62. — (Vivien.)

**Carlier.** — Producteur de graines de betteraves à Orchies, (Nord).

## D

**Desprez.** — Producteur de graines de betteraves, à Cappelle, près Templeux, (Nord).

**Dombasle.** — Maître cultivateur, mort à Roville, près de Nancy, en 1844. Il eut le premier l'idée de la diffusion.

**Diffusion.** — Procédé d'extraction du sucre qui consiste, les betteraves étant découpées en lanières, à les mettre en contact avec de l'eau chaude. L'eau pénètre peu à peu à travers les parois des cellules, et en cha le sucre.

**Dippe frères.** — Prod teurs de graines de betterave Quedlinbourg, (Allemagne).

**Degré extractible.** — nomme degré ou kil. extractil le kilog. de sucre qu'on peut tirer par 100 de betterave.

**Défécations (les) écumes de sucrerie.** — sont d'excellents engrais, surt en sols argileux et forts. voici la composition ordina p. °/₀ :

Humidité.................
Carbonate de chaux..........
Matières organiques.......

Premier total.......

Phosphate de chaux......
Potasse et soude .........
Terres et sables ..........

En tout: 95 +...

*Azote*, à peu près comme d le fumier, soit, 4 °/₀₀. C'est engrais bon marché lorsque, pandu dans les champs, il ne vient qu'à 7 ou 8 fr. de la ton tous frais compris.

## E

**Échantillon.** — Partie d' grais, ou petit nombre de teraves, qui représente la c position ou la richesse *moy* d'une livraison.

## F

**Feuilles de Betterav** — Suivant la nature des b raves et l'état de maturité quantité de feuilles varie de 50 °/₀. Les betteraves ordinai de 8 à 10 °/₀ de sucre, on 25 à 30 °/₀ de feuilles. Les b raves riches ont le double autres, soit de 60 à 90 °/₀ de poids. Les feuilles ne titrant pas moins, en moyenne, de 4 % d'azote, doivent rester sur le sol pour servir d'engrais, ou être ensilées en mélange avec des pulpes et des paillettes de blé ou d'avoine, pour servir de nourriture aux animaux.

## G

**Gröbers.** — Petite ville de la Saxe autour de laquelle il se fait une quantité considérable de graines de betteraves à sucre.

## H

**Hâle.** — Vent sec et froid de l'est ou du nord qui souffle au printemps, et qui est peu favorable à la végétation de toutes les plantes.

**Hareng.** — Poisson de mer dont les débris, riches en chlorure de sodium ou sel marin, constituent un mauvais engrais pour la betterave à sucre. En terrain calcaire et sec, cet engrais donne de bons résultats dans la culture du blé.

## I

**Iules** ou **Jules.** — Petits insectes allongés et pourvus de pattes nombreuses, 200 environ : de là le nom de mille-pattes. Dans les années de sécheresse, ces myriopodes, qui recherchent la fraîcheur, se réfugient au centre du collet des betteraves ; là, ils se nourrissent des jeunes pousses et causent des désordres qui amènent souvent l'altération grave que quelques praticiens désignent sous le nom de chancre du collet.

## J

**Jaunissement.** — Action de rendre jaune ou de devenir jaune : c'est au jaunissement des feuilles qu'on reconnaît l'état de souffrance et aussi l'époque de maturité de la betterave.

## K

**Knauer.** — Producteur fort connu de graine de betterave à sucre, de Gröbers, (Saxe).

**Klein Wanzleben.** — Variétés allemandes de betterave riche de Dippe frères et de Rabbethge et Giesecke de Klein Wanzleben, près Magdebourg. La variété Rabbethge est connue sous le nom de Klein Wanzleben originale.

## L

**Lemaire frères et sœurs.** — Producteurs de graines de betteraves, à Nonain, par Orchies, (Nord). Leur variété blanche n° 1 bis, à chair très dure et à racine courte, comme beaucoup de variétés allemandes, est à recommander, pensons-nous pour les terres fortes et peu profonde.

## M

**Mascarez.** — Excellent cultivateur de betteraves, à Fontaine au-Tertre, arrondissement de Cammbrai.

**Masclef.** — Cultivateur de betteraves, à Loison, près de Lens, (Pas-de-Calais). Cultures fort soignées et qu'on ne saurait trop visiter pour s'initier en peu de temps aux meilleurs procédés de la culture intensive de différentes variétés de betteraves riches, dosant un poids de 13 à 15 % de sucre, et d'un rendement à l'hectare, de 45 à 50,000 kilogrammes.

Le meilleur accueil a toujours été réservé aux visiteurs.

## N

**Nitrate de soude.** — Excellent engrais chimique employé à la dose modérée de 300 kilog. par hectare. Il dose, étant pur, 16,47 d'azote. Dans le commerce, il est vendu avec une garantie de 15 %. Prix 30 fr. en moyenne par 100 kilog.

**Nitrate de potasse.** — Ne dose que 13,84 % d'azote. Il coûte de 50 à 52 fr. les 100 kil.

## O

**Optique.** — Science de la lumière. — Instruments d'optique qui reposent sur les propriétés de la lumière, comme le saccharimètre.

## P

**Perte de poids et de sucre.** — En silo, la betterave vit et respire en perdant 10 % de son poids en un mois, et, s'il fait doux et humide, jusqu'à 33 % ou un tiers de son sucre. Dans ces conditions, une betterave qui avait en octobre 12 % de sucre n'en aurait plus que 8 en janvier. En général, cette perte est moins considérable et elle est très sensiblement proportionnelle à la perte de poids éprouvée.

**Phosphate précipité.** — C'est l'une des meilleures formes sous laquelle il faut employer l'acide phosphorique. L'acide phosphorique des os étant rendu soluble par l'action de l'acide chlorhydrique est ensuite rendu insoluble par l'action de la chaux: de là l'expression, pour le désigner, de phosphate précipité. Ce phosphate dose de 30 à 40 % d'acide phosphorique: il se vend de 55 à 65 centimes seulement le degré d'acide phosphorique.

*Phosphate soluble* dans le citrate et phosphate soluble dans l'eau.

Quoi qu'on en ait dit, et bien qu'on vende ce dernier plus cher, l'un vaut l'autre, à titre égal et à la même dose.

## Q

**Quedlimbourg.** — Ville de Saxe, sur la Bode, à 93 kil. sud-ouest de Magdebourg, renommée par ses fabriques de lainage, de liqueurs, de sucre de betterave, ses distilleries d'eau-de-vie, ses brasseries, et la production de graines de betteraves de messieurs Dippe frères.

## R

**Rabbethge et Giesecke.** — Fabricants de sucre allemands de Klein Wanzleben, près de Magdebourg. — Sélecteurs et producteurs de graines de l'excellente variété de betterave blanche, la Klein Wanzleben originale. Issue de types réguliers de forme, riches, et d'un poids de 500 grammes au moins, cette variété est l'une des trois ou quatre meilleures de l'Allemagne.

**Râpage.** — Opération qui consiste à diviser plus ou moins finement la betterave, afin d'en extraire le jus par pression. Il a été démontré en Allemagne que, lorsque la râpe fait une pulpe très fine, le densimètre et le saccharimètre accusent généralement plus de richesse. Divisée seulement en cossettes grossières et peu pressée, la betterave peut donner jusqu'à près de 2 % de sucre en moins, et souvent, dans ce cas, moins que la richesse réelle.

## S

**Syndicat.** — C'est l'union constituée entre les cultivateurs d'une même région ou d'une même sucrerie, dans un but de progrès et de défense commune des intérêts similaires ; par exemple, d'achat en commun des engrais, de contrôle du poids, de la tare, de la densité ou de la richesse saccharimétrique.

## T

**Trannin.** — Savant industriel, d'Arras, docteur ès-sciences et inventeur du saccharimètre des râperies.

## U

**Utricule.** — Cellule ou petit ballon qui contient le sucre ou la matière azotée de la betterave; c'est avec la matière azotée que la plante multiplie ses cellules; c'est donc par cette matière que les plantes grossissent et grandissent. Aussi les betteraves fourragères, qui ont un plus grand nombre de cellules riches en matières azotées, prennent-elles un plus grand développement que les autres, que les betteraves à sucre, dont beaucoup de cellules sont gorgées de sucre.

## V

**Vilmorin.** (Henry). — Marchand grainetier, quai de la Mégisserie, à Paris. Il est le fils de Louis Vilmorin, l'améliorateur de la betterave à sucre.

**Valeur proportionnelle du jus.** — C'est le produit de la richesse en sucre par le quotient de pureté.

Exemple: $12,5 \times 0,87.1 = 10,89$

## Z

**Zone.** — Bande ou marque circulaire, au nombre de sept en général et qu'on observe facilement dans les racines de betteraves riches coupées perpendiculairement à l'axe. C'est autour de ces zones que se trouvent groupées les cellules ou utricules riches en sucre.

# TABLE DES MATIÈRES

## DEUXIÈME PARTIE.

### LA VENTE.

#### LIVRE PREMIER. — LÉGISLATION DES SUCRES.



#### LIVRE II. — DÉTERMINATION DE LA VALEUR DE LA BETTERAVE.



#### LIVRE III. — LA VENTE ET LES MARCHÉS. .......... 104



## TROISIÈME PARTIE.

### CALENDRIER ET LEXIQUE.



#### LIVRE PREMIER. — LES MOIS D'HIVER.

FIN DE LA TABLE.

3223. — ABBEVILLE, TYP. ET STÉR. A. RETAUX. — 1883.

## EN VENTE A LA MÊME LIBRAIRIE

### Collection in-18 jésus à 3 fr. 50

**CONTES MOQUEURS**, par Ch. Buet ... 1 vol.
**MÉDAILLONS ET CAMÉES**, par le même ... 1 vol.
**LA FEMME DU COMIQUE**, par L.-P. Laforêt, avec Lettre Préface de Emile Augier de l'Académie française ... 1 vol.
**LES LEPILLIER**, roman par Jean Lorrain ... 1 vol.
**LES PROPOS DU DOCTEUR**, par le Dr E. Monin secrétaire, de la Société française d'hygiène, inspecteur des écoles de la Ville de Paris etc 1 vol.
**LE COMMANDEUR MENDOZA** (mœurs andalouses), par Juan Valera, de l'Académie espagnole, traduction et préface par Albert Savine. 1 vol.
**SOUS LA HACHE**, par Elémir Bourges ... 1 vol.
**LE CRÉPUSCULE DES DIEUX** (mœurs contemporaines), par Elémir Bourges ... 1 vol.
**MODERNITÉS**, par Jean Lorrain ... 1 vol.
**LES ÉTAPES D'UN NATURALISTE**, impressions et critiques, par Albert Savine ... 1 vol.
**UN HÉROS DE NOTRE TEMPS**, récits : Béla, Maxime Maximitch, Taman, La Princesse Marie, Le Fataliste, Le Démon, poème oriental, par Lermontoff, traduit du russe, par A. de Villamarie ... 1 vol.
**MADAME X**, suivie de la Martingale de Dagobert, par Albert Pinard ... 1 vol.
**PREMIERS SOUPIRS**, poésies diverses, par Paul Pourot ... 1 vol.
**BAUDEMONT**, par Jacques Lozère ... 1 vol.
**L'ORGANISTE**, par Georges Maillard ... 1 vol.
**PARIS VIVANT**, par Robert Caze ... 1 vol.
**VICE VERSA**, par F. Anstey, traduit de l'anglais, par Ch. Bernard Derosne ... 1 vol.
**ROSELINE**, par Georges Servières ... 1 vol.
**L'ÉCROULEMENT D'UN EMPIRE**, roman contemporain, par Gregor Samarow (Oscar Méding), précédé d'une étude par M. Victor Cherbuliez de l'Académie française ... 2 vol.
**LE PAPILLON**, roman traduit du catalan de Narcis Oller, par Albert Savine, précédé d'une préface de E. Zola ... 1 vol.

---

**L'ALLEMAGNE DE M. DE BISMARCK**, par Amédée Pigeon, 1 beau vol. in-8, 3e édition ... 7 50
**LE FLEURET ET L'ÉPÉE**, étude d'escrime contemporaine, par Ad. Corthey, avec couverture illustrée, in-8 ... 1 »
**VIVIANE**, conte en un acte par Jean Lorrain, in-8 ... 2 »

### PUBLICATIONS ILLUSTRÉES

**LES CIGOGNES**, légende rhénane, rêvée et dessinée par Gustave Jundt, racontée aux tout petits; par Alphonse Daudet, 1 beau vol. in-4 raisin relié ... 6 »
**LES ORPHELINS D'AMSTERDAM** (histoire hollandaise), par Georges Duval, dessins de Henri Pille, 1 beau vol. in-4 carré relié ... 6 »

### SOUS PRESSE

**LA MAUVAISE AVENTURE**, par Camille de Sainte-Croix 1 vol... 3 50
**UN CŒUR FÊLÉ**, par J. Vidal, 1 vol. in-18 jésus ... 3 50
**LES MALAVOGLIA**, par Giovanni Verga, traduit de l'italien, par Édouard Rod, 1 vol. in-18 ... 3 50

3334. — ABBEVILLE, TYP. ET STÉR. A. RETAUX. — 1885.

www.ingramcontent.com/pod-product-compliance
Ingram Content Group UK Ltd.
Pitfield, Milton Keynes, MK11 3LW, UK
UKHW020332230726
13925UKWH00002B/754

9 782014 432084